从AIGC到未来建筑

AI 赋能空间设计

刘程伟　孙　锐　主编

中国建筑工业出版社

< 关于本书的5个基本问题

设计师面对怎样的时代?

在 AI 工具全球大发展的背景下，ChatGPT、Midjourney、Stable Diffusion 等 AI 工具的日趋成熟为设计师提供了前所未有的工作效率提升机会。这一趋势不仅是技术进步的体现，也是设计行业应对当前时代挑战的必然选择。

1. 时代背景：随着科技的快速发展，我们进入了一个信息爆炸、创新迭代速度极快的新时代。在这样的背景下，设计师面临着前所未有的挑战和机遇。

2. 信息过载：设计师需要从海量的信息中迅速筛选出有价值的内容，这对于信息处理能力提出了更高的要求。

3. 需求多样：随着消费者意识的提高，对设计的需求越来越个性化和多样化，这就要求设计师能够快速响应并提供创新解决方案。

4. 竞争加剧：全球化带来的是更加激烈的市场竞争，设计师需要不断提高自己的技能和效率，以保持竞争力。

AI 工具如何帮助设计师?

在这样的背景下，AI 工具的使用成了设计师提高工作效率的重要手段：

1. 智能与效率提升：AI 工具能够智能化、自动化执行多种任务，如生成设计草图、文案撰写等，极大地提高了设计师的工作效率。

2．创意与灵感激发：AI 工具如 Midjourney 和 Stable Diffusion 能够根据简短的提示词生成创意图像，为设计师提供灵感和新的视角。

3．客户个性化定制：AI 技术能够根据不同客户的需求提供个性化的设计方案，满足市场对于个性化设计的需求。

4．协作与远程工作：ChatGPT 等工具促进了设计师之间的协作，特别是在当前远程工作成为常态的情况下，AI 工具提供了有效的沟通方式和项目管理解决方案。

随着 AI 技术的进一步成熟和应用范围的扩大，设计师使用 AI 工具提高工作效率已经成为一种趋势。AI 不仅改变了设计师的工作方式，也为设计创新和个性化定制开辟了新的可能性。在未来，我们可以预见，AI 将在设计领域扮演更加重要的角色，成为设计师不可或缺的助手。设计师需要紧跟技术发展的步伐，不断学习和掌握这些新工具，以充分发挥它们的潜力，为客户提供更高质量、更有创意的设计作品。

AI 工具提高工作效率的必要性是什么？

在当前的时代背景下，设计师使用 AI 工具如 ChatGPT、Midjourney 和 Stable Diffusion 来提高工作效率的必要性有以下 5 点：

1．技术革新与数字化转型的提速：我们正处于一个技术革新加速的时代，数字化转型正在各个领域快速推进。新兴技术，如人工智能、机器学习、大数据分析等，正在重塑工作和生活的方式。在设计领域，这种转型体现在从传统的手工绘图和物理模型，向数字化设计、三维建模和虚拟现实的转变。这不仅提高了设计的效率和精确度，也为使用 AI 工具提供了基础。

2．全球市场和竞争加剧的新局面：全球化带来了更广阔的市场和更激烈的竞争。设计师不仅要满足日益多样化和个性化的客户需求，还要与来自全球的同行竞争。这要求设计师不断提升自己的设计能力和工作效率，快速响应市场变化。AI 工具的应用可以帮助设计师在这一背景下保持竞争力，通过自动化常规任务、提供创意灵感和加速设计迭代过程，提高工作效率。

3．信息爆炸与知识获取的新挑战：随着互联网的发展，我们进入了信息爆炸的时代。设计师在进行设计研究或寻找灵感时，面临着如何从海量信息中快速筛选出有价值内容的挑战。AI 工具能够提供快速准确的信息检索、整合和分析服务，帮助设计师节省大量搜集和分析信息的时间，使他们能够更加专注于创意和设计本身。

4．远程工作与团队协作的新常态：远程工作的普及，改变了团队协作的方式。设计师需要在分散的环境中保持高效的沟通和协作，这对于沟通工具和项目管理软件提出了更高的要求。无论他们身处何地，AI 工具如 ChatGPT 都可以促进远程团队的沟通和协作，提供项目管理的支持，帮助设计师和团队成员有效地协作。

5．持续学习与自我成长的新要求：在快速变化的市场和技术环境中，持续学习成了设计师保持竞争力的关键。AI 工具不仅能够提供设计灵感和技术支持，还能够帮助设计师获取最新的行业知识和学习资源，促进个人和专业技能的发展。

AI 工具提升设计效率有哪些关键点?

在项目的前期沟通阶段，AI 工具的应用可以极大地提升设计的效率。这一部分主要涉及如何利用 AI 技术优化设计流程，使设计师能够更快地响应客户需求，同时保持设计的质量和创新性。以下是一些 AI 工具提升设计效率的关键点：

1. **自动化生成草图：**AI 工具可以根据设计师的初步想法自动生成设计草图。这不仅节省了绘制初步草图的时间，还为设计师提供了更多的创意灵感。

2. **快速化响应客户：**通过 AI 工具，设计师可以迅速修改设计方案以适应客户的反馈。AI 可以分析客户的评论并提出相应的设计调整建议。

3. **高效化工作流程：**将 AI 工具整合到设计流程中，可以使设计团队的工作更加高效。例如，AI 可以协助进行材料选择、颜色匹配和布局优化等。

4. **智能化协作管理：**AI 工具还可以帮助设计团队更好地管理项目。例如，它可以追踪项目的进度，自动更新任务列表，并协助团队成员之间的沟通。

5. **个性化设计方案：**AI 工具能够通过分析历史数据来预测客户偏好，从而提供更加个性化的设计方案。这提高了客户满意度，并可以增强客户忠诚度。

通过应用这些方法，设计师和设计团队不仅能够提升工作效率，还能增强设计方案的创新性和实用性。AI 工具在项目前期的应用，有效地连接了客户需求和设计师的创意。

AI 如何参与设计工作?

在项目前期，进行充分的项目调研和构建有效的设计思路对于整个项目的成功至关重要。AI 工具在这一阶段的应用，可以帮助设计师更高效地收集和分析信息，从而形成更加全面和创新的设计思路。以下是一些关键的应用方法:

1. 数据驱动的市场研究: 使用 AI 工具可以快速分析大量的市场数据，这有助于设计师在设计之初就能够更好地理解市场需求和潜在的设计方向。

2. 客户导向的需求分析: AI 可以提供关于客户喜好和需求的深入洞见，这样的分析有助于设计师在设计过程中更好地考虑和满足客户的实际需求。

3. 设计灵感的提取生成: AI 工具可以帮助设计师从大量的设计案例、艺术作品和自然景观中提取灵感。

4. 多种方案的迅速迭代: 在形成初步设计思路后，AI 工具可以协助设计师快速迭代多个设计方案，通过不断调整和优化，找到最佳的设计方案。

5. 可视化工具的配合应用: 利用 AI 生成的三维模型和渲染图，设计师可以更加直观地展现设计思路，帮助客户更好地理解和评估设计方案。

综上所述，AI 工具在项目前期的应用不仅提高了设计效率，还为设计师提供了更加丰富的资源和工具，帮助他们在设计思路的构建上更加精准和创新。在 AI 工具高速发展的时代背景下，AI 工具的应用成了设计师提高工作效率、应对市场竞争、满足客户需求的重要手段。随着 AI 技术的不断进步和应用场景的扩展，预计 AI 工具在设计领域的作用将进一步增强，成为推动设计创新和提高设计质量的关键力量。

目录

第1章

ChatGPT 赋能空间设计

第 1 节
关于 ChatGPT

1. ChatGPT 爆火契机

在当前的时代背景下，ChatGPT 能够显著提高设计师的工作效率，这主要得益于以下几个方面的发展和变化：

1 数字转型加速

随着数字化转型的加速，设计行业也经历了从传统手绘和物理模型向数字工具和软件的转变。这一转变不仅提高了设计的效率和精确度，也为使用 AI 工具，如 ChatGPT，提供了技术基础。设计师现在可以利用这些工具自动化执行许多设计和文档相关的任务，从而节省时间，提高生产效率。

2 远程工作兴起

近年来，远程工作成为常态，这要求设计师和团队成员在物理上分散的情况下仍保持高效的沟通和协作。ChatGPT 等 AI 工具能够支持远程工作模式，通过自动化的沟通助手、项目管理和协作功能，帮助设计师和团队保持生产力。

3 信息爆炸时代

设计师在进行设计研究或寻找灵感时，面临着大量信息的挑战。信息爆炸使得从海量数据中找到有价值的信息变得越来越困难。ChatGPT 等智能工具能够快速提供准确的信息检索和整合服务，帮助设计师节省寻找和筛选信息的时间，更快地获取灵感和知识。

4 市场竞争增加

随着用户需求的多样化和市场竞争的加剧，设计师需要不断提高设计质量，缩短设计周期，同时还要保持创新。AI 工具通过提供定制化的设计建议、趋势分析和创意激发，可以帮助设计师快速响应市场变化，提高设计方案的创新性和竞争力。

5 学科融合趋势

当代设计越来越强调跨学科的融合，将科技、艺术、环境保护等多个领域的知识和理念融入其中。ChatGPT 等 AI 工具能够访问和整合来自不同领域的广泛知识，为设计师提供跨领域的灵感和解决方案，促进创新思维的发展。

这些时代背景因素共同作用，使得 ChatGPT 等人工智能工具成为提高设计师工作效率和创新能力的有力工具。通过减轻常规任务的负担、加速信息获取和处理、支持远程协作以及激发创意灵感，AI 工具帮助设计师在快节奏和高竞争的现代环境中保持领先。

2. ChatGPT 辅助作用

ChatGPT 可以以多种方式辅助空间设计师，提高他们的工作效率和创造力。以下是 6 个方面的辅助作用：

1 创意灵感与概念设计

灵感激发：ChatGPT 可以根据设计师的初步想法，提供创意扩展和概念发展的建议。通过与 AI 互动，设计师能够探索新的设计理念和风格。

趋势分析：基于当前的设计趋势和未来预测，ChatGPT 能够提供相关的设计趋势分析，帮助设计师保持自我更新和拥有前瞻性视角。

2 方案规划与策略制定

项目规划：通过解析设计师的项目需求，ChatGPT 可以提供项目规划的建议，包括空间利用、功能分区等。

策略制定：ChatGPT 能够根据特定的设计目标和限制条件，提出具体的设计策略和解决方案。

3 设计素材与资源整合

素材推荐： 根据设计风格和功能需求，ChatGPT 可以推荐合适的材料、颜色和装饰元素。

资源链接： ChatGPT 可以提供在线资源和供应商信息的链接，帮助设计师快速找到所需的设计素材。

4 方案呈现与可视化

文本描述转可视化： ChatGPT 可以将设计师的文本描述转换为具体的设计元素和视觉效果的描述，辅助设计师在方案呈现时更加清晰地表达设计意图。

方案修改建议： 在设计方案评审过程中，ChatGPT 可以提供针对性的修改建议，帮助设计师快速优化方案。

5 项目管理与团队协作

项目跟踪： ChatGPT 可以辅助设计师跟踪项目进度，提醒重要的项目时间节点和截止日期。

团队协作： 通过生成项目通信和协作的模板，ChatGPT 能够帮助设计团队提高沟通效率，促进团队协作。

6 持续学习与技能提升

学习资源： ChatGPT 可以提供设计相关的学习资源、在线课程和最新研究的相关链接，帮助设计师持续学习和提升技能。

案例分析： 通过分析和讨论经典设计案例，ChatGPT 可以帮助设计师深入理解设计原则和进行应用实践。

通过这些辅助作用，ChatGPT 不仅能够提升空间设计师的工作效率，还能激发创新思维，提高设计质量，从而使其在竞争激烈的设计行业中脱颖而出。

第 2 节

如何将 ChatGPT 训练成为设计师的个性化 AI 设计助理

1. ChatGPT 自动生成空间设计师助理

在设计行业中，ChatGPT 可以被训练和定制化，以成为一名高效的设计师助理 GPT。这一小节将探讨如何利用 ChatGPT 来生成设计师助理 GPT，提升设计流程的效率和创造力，减轻设计师的工作负担，增加项目创造力。ChatGPT 是一种基于人工智能的语言处理技术，能够理解和响应自然语言指令。那个性化 AI 设计助理能做什么？

1 **数据收集与训练：**可以收集室内设计相关的数据和信息，包括设计案例、材料知识、风格指南等，进一步训练 ChatGPT。

2 **模型定制化：**根据室内设计的特定需求，定制化训练的 AI 设计助理，能够理解设计相关的术语和概念。

3 **交互式界面开发：**可以同时开发一个用户友好的界面，使设计师能够轻松与 AI 设计助理交互。

4 **设计概念生成：**AI 设计助理可以根据设计师的指示生成设计概念和灵感，提供创意建议和解决方案。

5 **客户沟通协助：**利用 AI 设计助理处理客户咨询，提供项目进度更新，优化客户服务体验。

6 **材料和风格研究：**AI 设计助理可以协助设计师进行材料选择和风格研究，提供详细的材料信息和风格指南。

7 **文档准备和报告撰写：**帮助设计师准备项目报告、提案和设计文档。

2. 训练 ChatGPT 成为 AI 设计助理的步骤

1 定义应用场景和需求	• 确定 AI 设计助理的具体功能，比如提供设计灵感、技术规范咨询、材料选择建议、设计建议、风格匹配、产品推荐、植物选择建议、生态可持续性咨询等。 • 确定目标用户群体，比如建筑师、工程师、设计专业学生或建筑爱好者、专业室内设计师、家居爱好者、装修公司、景观设计师、城市规划师、园艺爱好者等。 • 列出必要的性能标准，例如响应时间、准确性、用户体验等。
2 收集和准备训练数据	• 收集相关的设计数据，建筑设计包括建筑案例、设计原则、技术规范、建筑材料信息、客户咨询对话等。室内设计包括设计案例、风格指南、产品信息、客户咨询对话等。景观设计包括设计案例、植物信息、生态和可持续性指南、客户咨询对话等。 • 清洗和标注数据。例如，对设计案例进行分类标注，对客户咨询对话进行意图识别标注。 • 将数据格式转化为适合微调的格式，例如将文本转换为对话或问答格式。
3 使用 OpenAI 的 GPT Builder 进行微调	• 选择一个适合的基础模型，如 GPT-3。 • 上传数据集到 GPT Builder。 • 根据需要设置微调参数，如学习率、迭代次数等。
4 微调模型	• 在 GPT Builder 中，使用数据集对选定的基础模型进行微调。 • 关注模型在设计任务上的表现，如理解设计需求、提供建议等。
5 评估和迭代	• 对微调后的模型进行性能评估。可以通过实际案例测试、用户反馈等方式来评估。 • 根据评估结果进行必要的迭代微调，以优化模型表现。
6 部署和监控	• 将模型部署到实际应用中，如集成到设计咨询平台、手机应用等。 • 持续监控模型的性能和用户反馈，以便及时进行调整和优化。
7 遵守伦理和合规性原则	• 确保在整个过程中遵循数据隐私、用户同意和透明度等伦理和合规性原则。 • 这个过程需要结合技术知识和对设计行业的理解。对于具体的操作步骤和工具使用，建议参考 OpenAI 提供的官方文档和指南，并在必要时寻求专业人士的帮助。

在建筑设计领域，AI 设计助理能够帮助处理设计文档、进行设计概念的初步开发，以及优化客户沟通等。

在室内设计领域，AI 设计助理可以帮助设计师完成各种任务，如设计概念的生成、客户沟通、材料研究等。

在景观设计领域，AI 设计助理可以提供帮助，在设计理念的形成、客户沟通、材料选择等方面提供支持。

随着 AI 技术的不断进步，AI 设计助理在设计领域的应用将更加广泛和深入。未来的 AI 设计助理可能会包含更高级的功能，如自动化设计草图的生成、3D 建模软件的集成等。在这个过程中，也要确保 ChatGPT 理解行业特定的术语和概念，维护客户数据的安全，保护其隐私。

恭喜你获得了 AI 设计助理，让我们在空间设计中使用 AI 的魔法吧。

第 3 节
提供创意灵感
赋能概念设计

在空间设计领域，项目执行过程中适当的创意灵感与概念设计是项目成功的关键。ChatGPT 可以在这一过程中发挥重要作用，通过以下方式赋能设计师：

1. 激发灵感与辅助创意

ChatGPT 能够基于设计师提供的初步想法或设计需求，激发丰富的创意和灵感。无论是现代简约、复古怀旧，还是未来科幻风格，ChatGPT 都能根据设计师的指令，提供相应风格的设计概念、色彩搭配建议和空间布局方案。

Example 1

假设一位设计师想要创建一个以“自然”为主题的居家空间，但在如何将这一概念具体化方面遇到了困难。此时，设计师就可以通过 ChatGPT 获得有关自然主题的设计灵感。ChatGPT 会提供参考建议，如使用自然元素如木材、石材和植物，以及通过大面积的窗户引入自然光线，或者建议使用柔和的绿色和褐色调来营造自然和宁静的氛围。

You

客户想要一个以“自然”为主题的居家空间设计风格，请你提供创意设计思路，设计思路需要包括设计主题、设计元素、色彩搭配、空间布局建议等信息。

为了设计一个以“自然”为主题的居家空间，我们可以从以下几个方面入手。

设计主题

- **自然亲和：**将自然的元素融入家居设计中，创造出既现代又能让人感觉亲近自然的空间。目标是在室内营造出一种宁静、平和的氛围，让居住者在繁忙的生活中也能感受到自然的舒缓和恬静。

设计元素

- **自然材料：**使用木材、石材、竹子、麻织品等自然材料，这些材料不仅环保，而且能增添空间的温暖和质感。
- **植物和绿化：**在空间中加入室内植物，如竖直花园、悬挂植物或小型盆栽，以增加空间的生命力。
- **自然光和通风：**设计大窗户或天窗，最大限度地引入自然光，同时确保良好的空气流通，模拟自然环境的光照和通风。

色彩搭配

- **色彩选择：**以自然的色彩为主，如棕色、绿色、蓝色和米色等，这些颜色能营造出宁静和放松的氛围。
- **色彩运用：**通过墙面、家具和装饰品等来呈现和搭配这些色彩，创造出层次丰富而和谐的视觉效果。

空间布局建议

- **开放式布局：**增强空间的流动性和连贯性，让自然光和绿色植物能贯穿整个居家空间。
- **功能分区：**合理规划生活区、休息区和工作区，利用自然材料和植物来界定不同的功能区域，同时保持空间的开放性和互动性。
- **室内外融合：**如果条件允许，设计可以尝试将室内外空间融为一体，比如通过折叠门或大型滑动门来连接室内外空间，让居住者能直接接触到户外的自然。

结合实际需求和空间特性

- **美观实用：**每个家庭和居住空间都有其独特性，设计时需要考虑居住者的生活习惯、空间的具体条件（如光线条件、空间大小等）和客户的具体需求，以确保设计方案既美观又实用，能够满足居住者的生活需要。

2. 趋势分析与思路建议

通过分析当前的设计趋势和未来预测，ChatGPT 可以为设计师提供关于哪些元素正在成为“新宠”、哪些设计理念值得关注的见解。这些信息可以帮助设计师在创作时保持前瞻性和创新性。

Example 2

在 Example 1 的基础上，讨论即将到来的年度设计趋势时，ChatGPT 可以基于最新的行业报告和文章总结，指出如何与可持续设计、智能家居技术融合，以及与多功能空间的设计等新的热点融合。

如何将可持续材料和技术融入“自然”主题的设计中？ You

在以“自然”为主题的居家空间设计中，融入可持续材料和技术是提升设计质量和环境责任感的关键，以下是一些实现这一目标的策略。

使用可持续材料

- **回收或再生材料：**选用回收木材、回收金属和塑料等材料进行家具和装饰品的制作。这些材料减少了对新资源的需求和对环境的压力。
- **自然和可再生材料：**使用竹子、可持续收获的木材、天然石材和可生物降解的纺织品。例如，竹子是一种快速生长的资源，比传统木材更可持续。
- **有机材料：**对于布艺产品，如窗帘、床上用品和地毯，选择有机棉或麻等有机认证的材料，这些材料在生产过程中减少了化学品的使用。

采用绿色技术

- **节能照明：**使用 LED 灯具和自然光设计，最大限度地减少能源消耗。设计窗户时，考虑其位置和大小，减少对人造光的需求。
- **太阳能技术：**在设计中考虑集成太阳能面板或太阳能热水器等太阳能技术，以供应部分或全部家庭能源需求。

- **智能家居系统：** 利用智能家居技术，如智能控温器和自动灯光控制系统，来提高能效和减少浪费。

促进室内外环境的健康

- **自然通风设计：** 通过合理的窗户布局和开放式空间设计，促进空气流通，减少对空调和通风系统的依赖。
- **绿色屋顶和垂直花园：** 在屋顶和墙面设计绿色植被，不仅可以美化空间，还能提供额外的绝热层，减少冷暖气的使用，同时增加生物多样性。

水资源管理

- **雨水收集系统：** 设计雨水收集和利用系统，用于灌溉室内外植物或冲洗卫生间，减少自来水的使用。
- **低流量水龙头和淋浴头：** 使用低流量的水龙头和淋浴头，以减少水的使用量。

通过这样的互动，ChatGPT 不仅能帮助设计师扩展其创意边界，还能提供具体的设计解决方案和实施策略。这种赋能作用使得设计师能够将抽象的概念转化为具体的设计方案，从而在创新和实用性之间找到平衡。无论是对于个人项目还是团队合作，ChatGPT 都能成为空间设计师不可或缺的助手，为他们提供灵感激发、趋势解读和概念发展上的支持。

3. 概念设计和案例收集

ChatGPT 可以根据设计师的初步想法提供相关的概念拓展，助力设计师从一个基础的想法发展出丰富的设计概念。比如，设计师提出“自然与科技融合”的设计理念，ChatGPT 则能够提供一系列的实施思路和案例，如利用生物模拟设计、可持续材料应用等。通过分析和总结最新的设计趋势报告，ChatGPT 能够帮助设计师掌握当前和未来的设计方向，确保概念设计的前瞻性和创新性。ChatGPT 能够提供相关领域的成功案例分析，包括设计理念、实施过程、效果评估等，为设计师的概念设计提供参考。

Example 3

让 ChatGPT 收集 3 个以“自然”为主题的居家空间设计案例。

请帮我收集 3 个以“自然”为主题的居家空间设计案例，收集的案例要包括项目所在地、项目造价、项目设计方案等资料。

You

我找到了几个与“自然”主题相关的居家空间设计案例，但请注意，我没有找到所有案例的详细项目造价和设计方案，以下是一些有趣的发现。

众睦设计—杭州湘湖壹号别墅

- 这个项目是一个别墅设计案例，采用法式风格，面积为 1250m^2。虽然没有提供具体的造价，这个设计展示了豪华与自然设计元素的结合。

匠维设计 I 侘寂风—不完美的完美主义

- 这是一个三居室的设计案例，采用了侘寂风格，面积为 101m^2，造价约为 55 万元。侘寂是一种注重自然美和简洁的日本设计风格，强调在不完美中找到美感。

至翔 NID 空间设计—世界那么大，我只想宅在这南洋复古风的家里

- 这个设计案例展示了一个三居室的空间，采用南洋风格，面积为 126m^2，造价为 50 万元。这个案例融合了自然元素和复古风格，创造出一种温馨舒适的生活环境。

上述案例中虽然一些项目的详细设计方案和具体造价信息不完整，但同样展示了“自然”主题在居家空间中的多样化应用。自然设计通常强调使用自然材料、融入自然元素和颜色，以及创造宁静、舒适的居住环境。如果需要更多详细信息或其他案例，建议直接访问设计机构的官方网站或联系设计师获取详细的项目资料和设计理念。

通过这些赋能，ChatGPT 不仅可以提高设计师在概念设计阶段的工作效率，还能激发更多的创意灵感，帮助设计师创造出更加具有创新性和符合用户需求的设计方案。

第 4 节

提供方案规划赋能策略制定

在设计项目中，方案规划与策略制定是确保项目目标达成的重要步骤。ChatGPT 可以在这个过程中提供多方面的支持，帮助设计师更高效地规划设计方案和制定实施策略。

1. 项目规划支持

ChatGPT 可以帮助设计师在项目的早期阶段进行有效的规划。这包括帮助定义项目的范围、目标、预算和时间表。通过与 ChatGPT 的互动，设计师可以更清晰地梳理项目的需求和限制，从而制定出更为合理和可行的设计计划和方案。

Example 4

假设一位设计师负责一个新的办公空间设计项目，需要在有限的预算内创造一个既促进工作效率又能提高员工福祉的环境。设计师可以询问 ChatGPT 关于如何在预算限制下最大化提升空间功能性和舒适度的策略。

You

一位客户需要装修一个新的办公空间，设计项目需要在有限的预算内创造一个既促进工作效率又能提高员工福祉的环境，请提供如何在预算限制下最大化提升空间功能性和舒适度的策略。

在有限的预算内创造一个既促进工作效率又能提高员工福祉的办公空间，需要通过精明的规划和设计策略来实现，以下是一些具体策略：

灵活多用途的空间设计

- **可移动隔断：**这样可以根据需要重新配置空间，适应不同的工作场景。
- **多功能家具：**选择可以有多种用途的家具，比如可作为储物空间的坐凳，或者可展开为会议桌的折叠桌。

开放式工作区

- **减少封闭办公室：**开放式工作区促进沟通和合作，同时减少成本。
- **设立安静区域：**为需要专注工作的员工提供安静的空间。

绿化与自然光

- **自然光：**尽可能让自然光照进办公空间，这不仅减少照明费用，还能提高员工的幸福感和生产力。
- **室内植物：**在办公空间内添加植物，可以改善空气质量，同时也为员工提供一个更加宜人和减压的环境。

色彩与材料选择

- **明智选择颜色：**使用能够提升精神和创造性的色彩，如绿色和蓝色调。另外，中性色可以增强空间感。
- **经济实惠的材料：**选择性价比高的材料，不仅环保，同时节省成本。

投资关键区域

- **重点装修影响大的区域：**将预算集中在员工最常使用的区域，如会议室、休息区和接待区，确保这些区域既实用又有吸引力。

DIY 和自制解决方案

- **员工参与：**鼓励员工参与装饰过程，提高员工的归属感和满意度。

节能措施

- **节能设备：**投资节能的照明等设备，长期来看可以节省运营成本。
- **温度控制：**通过智能温控系统保持舒适的工作环境，减少能源浪费。

通过综合运用上述策略，即便在有限的预算下也能创造出既促进工作效率又能提高员工福祉的办公空间。重要的是要优先考虑员工的需求和舒适度，同时寻找创新和成本效益高的解决方案来实现目标。

2. 策略制定辅助

设计师在制定具体的设计策略时，需要考虑到空间的功能性、美观性以及客户的具体需求。ChatGPT 可以提供关于如何平衡这些因素的建议，以及如何将创新元素融入设计中的策略。

Example 5

对于希望将可持续性原则融入项目的设计师，ChatGPT 可以提供关于使用环保材料、提高能源效率和采用绿色技术的建议。

如何将可持续性原则融入设计项目中，请提供关于使用环保材料、提高能源效率和采用绿色技术的设计建议。

You

将可持续性原则融入建筑设计是当今设计界的重要趋势，旨在减少对环境的影响，提高能源效率，并促进营造更加健康的居住和工作环境，以下是一些关键的设计建议。

使用环保材料

- **可再生材料：** 优先使用可再生或再生资源制造的材料，如竹材、再生木材和天然石材。
- **低环境影响产品：** 寻找拥有低碳足迹的材料，例如那些在生产过程中产生较少温室气体的材料。
- **本地材料：** 使用本地材料减少运输过程中的能源消耗和碳排放。

提高能源效率

- **被动式设计策略：** 利用自然光照和通风，减少对人工照明和空调的依赖。例如，通过合理的窗户布局和方向，使建筑自然冷热调节。
- **高效能设备：** 安装高效能的供暖、制冷和照明系统，如 LED 照明和节能型空调系统。

- **太阳能利用**：通过太阳能光伏板或太阳能热水系统等，将太阳能转换为建筑的电力或热能供应。
- **绿色屋顶和墙面**：通过屋顶和墙面绿化，提供额外的隔热保温效果，同时增加生物多样性。

采用绿色技术

- **雨水收集和再利用系统**：设计雨水收集系统，用于灌溉和冲洗等，减少对地下水的依赖。
- **智能建筑技术**：采用智能家居系统，如自动调节照明和温度的系统，优化能源使用效率。
- **建筑信息模型（BIM）技术**：在设计阶段使用 BIM 技术，评估建筑的能源性能，优化设计方案。

实施可持续性认证

- **LEED 绿色建筑标准**：遵循“绿色建筑评估体系”的标准，确保建筑项目达到高水平的环境和能源效率。
- **WELL 健康建筑标准**：关注建筑内居住者和使用者的健康和福祉，确保室内环境质量促进居住者和使用者的健康。

通过这些策略，建筑设计不仅能够减少对环境的负面影响，还能为居住和工作的人们创造更加健康、舒适的空间。实现可持续建筑需要从设计的最初阶段就综合考虑多方面因素，这样才能真正达到经济、社会、环境 3 个方面的可持续发展。

通过这样的赋能，ChatGPT 不仅帮助设计师在项目初期就能够做出合理的规划，还能够在项目实施过程中提供持续的支持和建议，确保设计方案的成功实施。这种赋能作用使得设计师能够在满足客户需求的同时，也能够探索更多创新设计的可能性，提升整体的设计质量和项目成功率。

第 5 节

提供设计素材赋能资源整合

设计素材和资源的整合对于设计师来说至关重要，它们不仅可以提高设计的质量和效率，还能帮助设计师保持创新和竞争力。ChatGPT 在设计素材与资源整合方面为设计师提供的赋能包括：

1. 素材推荐

ChatGPT 可以基于设计师的项目需求，提供定制化的素材推荐。这些推荐包括最新的设计元素、材料、色彩搭配方案等，帮助设计师快速找到灵感和所需的设计素材。

Example 6

设计师正在进行一个现代风格的住宅项目，需要寻找适合该风格的材料和色彩方案。ChatGPT 可以建议使用大理石和不锈钢作为主要材料，以及黑白灰作为基础色调，同时提供具有现代感的装饰品和家具样式，如极简艺术品和几何形灯具。

> 我现在正在设计一个现代风格的住宅项目，需要寻找适合该风格的材料和色彩方案，请帮我推荐适合的材料以及相应的配色方案。

You

在设计一个现代风格的住宅项目时，选择合适的材料和色彩方案是至关重要的。现代设计风格强调简洁线条、功能性以及对开放空间和自然光的利用。以下是一些建议，可以帮助你选择合适的材料和配色方案。

材料推荐

- **玻璃：** 玻璃是现代设计中常用的材料，特别是大面积的窗户和玻璃幕墙，能够获得更多自然光照明，创造开放通透的空间感。
- **混凝土：** 裸露的混凝土墙或地板是现代设计的一个标志性特征，营造了一种工业感的氛围，同时也很有质感。
- **钢材：** 钢材在现代建筑设计中被广泛使用，尤其是在结构元素和细节处理上，强调了现代设计的精确和技术美。
- **木材：** 虽然是一种传统材料，但在现代设计中，尤其是当设计项目使用清洁线条和简化的形式时，木材可以用来添加温暖和自然的元素。
- **石材：** 天然石材如大理石、花岗石或石灰石，用于地面、墙面或台面，可以增添现代设计的质感。

配色方案

- **中性色调：** 白色、灰色和黑色是现代设计中最常用的色调，它们可以营造出简洁和时尚的空间氛围。
- **强调色：** 选择一种或两种鲜艳的颜色作为强调色，例如红色、蓝色或黄色，用于装饰品、艺术品或一面墙，以增添活力和视觉焦点。
- **暖色调：** 为了避免空间显得过于冷漠，可以加入一些暖色调的元素，如木质材料或棕色、橙色的装饰品，以平衡整体的色彩氛围。

在设计现代住宅时，重要的是保持设计的一致性，避免使用过多的材料和颜色，以免造成视觉上的混乱。通过精心选择和使用材料及色彩，可以创造出一个既符合现代审美又舒适宜人的居住空间。

2. 资源链接

设计师在寻找特定产品或解决方案时，ChatGPT 能提供相关的在线资源和供应商信息。这帮助设计师节省了寻找资源的时间，快速获取所需的设计产品和服务。

Example 7

如果设计师需要为客户的家居设计加入智能家居系统，ChatGPT 可以提供智能家居设备的供应商信息、产品评测和用户评价链接。这样设计师就可以比较不同品牌的产品特点和价格，为客户推荐最适合其需求和预算的智能家居解决方案。

You

我需要在客户的家居设计中加入智能家居系统，需要为客户推荐最适合其需求和预算的智能家居解决方案。请给我提供智能家居设备的供应商信息、产品评测和用户评价等链接，并综合这些信息比较一下，给我推荐一家性价比最高的供应商。

根据收集到的信息，Wyze Labs 提供广泛的智能家居设备，可以满足客户对智能家居系统的需求。他们的产品包括智能摄像头、家庭照明、智能锁、恒温器等，所有这些都旨在无缝集成，以增强家庭安全性和便利性。客户评论表明满意度很高，评价主要集中在 Wyze Labs 产品的可负担、高质量和多功能等特色。鉴于积极的反馈和全面的产品阵容，Wyze Labs 可能是提供具有成本效益的智能家居解决方案的有力候选者。

3. 趋势和案例研究

了解行业趋势和案例研究对于保持设计的前瞻性和创新性至关重要。ChatGPT 能够提供最新的设计趋势报告、成功的设计案例分析等资源，助力设计师不断学习和获取灵感。

Example 8

设计师想要探索可持续设计的新趋势，ChatGPT 可以提供相关行业报告和案例研究。

设计师想要探索可持续设计的新趋势，请给我提供最新的行业报告和案例研究，报告需要包括如何在室内设计中应用回收材料、如何设计节能的照明系统，以及如何利用室内植物提高空气质量等。

You

探索最新的可持续设计趋势，揭示了对生态意识生活的高度重视，在室内设计中采用创新策略，以减少对环境的影响，同时增强审美吸引力，以下是最近调查结果的主要趋势和实践的综合建议。

再生材料的应用

行业正在向使用再生材料发生重大转变。曾经被认为是废物的物品现在被重新利用并制作成令人惊叹的家具和装饰品。竹子以其快速的可再生性和多功能性而闻名，正在成为可持续设计中的超级材料。这些材料的再利用不仅减少了浪费，还为空间增添了独特的个性。

节能照明系统的融入

由于其能源效率，LED 照明已成为现代家庭的主要产品。然而，通过大窗户和天窗等建筑元素最大限度地利用自然光的趋势越来越明显。这种策略增强了室内环境的亮度和空间感知，同时减少了对人工照明的依赖。此外，可持续人工照明的进步，包括运动传感器和情绪照明的综合应用，有助于节约能源。

室内植物的利用
绿色植物融入室内空间有多种用途，它们可以增强审美吸引力，将居民或使用者与自然联系起来，并改善空气质量。从简单的仙人掌或苔藓布置到整体垂直的绿色立面，都可以支持家庭的可持续性和健康。这种做法与自然灵感设计的更广泛趋势相一致，该趋势融合了有机元素和色彩，创造宁静健康的生活环境。

这些趋势凸显了设计行业对可持续发展的承诺，展示了如何将环保实践无缝融入现代美学。对天然材料、能源效率和室内空气质量的关注不仅迎合了环境责任，还有助于创造既美丽又有益于居住者或使用者的福祉空间。

通过这样的赋能，ChatGPT 不仅可以帮助空间设计师在项目中应用最新的设计素材和资源，还能促进设计师的持续学习和创新。这种资源整合的能力，使得设计师能够更加高效和精准地完成设计任务，同时也为客户提供更具吸引力和实用性的设计方案。

第 6 节

提供方案呈现赋能可视化

在设计中，方案的呈现与可视化是设计师与客户沟通设计意图的关键环节。通过有效的可视化手段，设计师能够更加生动地展示设计概念，帮助客户理解和感受设计方案。ChatGPT 在这一过程中可以赋能以下环节：

1. 文本描述转可视化建议

ChatGPT 可以将设计师的文本描述转换为具体的可视化建议，包括建议使用的视觉元素、色彩搭配、材料质感等。这可以帮助设计师在准备材料时有一个明确的出发点。

Example 9

设计师向 ChatGPT 描述了一个想要营造的“温馨而现代的家庭客厅”场景，ChatGPT 可以基于这一描述提出具体的可视化策略。

You

客户想要“温馨而现代的家庭客厅”设计场景，请用暖色调的灯光、柔软的织物和木质家具来传达温馨感，同时使用简洁的线条和现代艺术作品来强调现代感，帮我生成这样的客厅效果图，效果图长宽比为 16 : 9。

这是一个舒适而现代的客厅场景，纵横比为 16：9，体现了现代美学的精髓。这种可视化展示了暖色调的灯光、柔软的织物和木制家具的艺术性的融合，创造了一个温暖而时尚的空间。

2. 方案修改和优化建议

在方案评审过程中，ChatGPT 可以提供方案修改和优化的建议。这些建议可以帮助设计师从不同角度审视设计方案，及时调整和改进，以达到最佳的设计效果。

Example 10

设计师在客户反馈后需要对方案进行调整，客户希望增加更多储物空间但又不希望影响整体的美观。ChatGPT 可以建议在墙面设计隐藏式储物柜或使用多功能家具，既满足储物需求又保持空间的整洁和美观。

请对上一张效果图进行调整，客户希望增加更多储物空间但又不希望影响整体的美观，请重新生成一张效果图。

You

我调整了客厅的设计，增加了更多的存储空间，确保它可以融入舒适和现代的房间。新的设计采用了集成存储解决方案，与现有的暖色调灯光、柔软的织物、木制家具和现代艺术风格相协调，同时又不影响空间的整体美感。

3. 高级可视化技术应用建议

对于需要高级可视化技术支持的设计方案，如 3D 建模、虚拟现实（VR）漫游等，ChatGPT 可以提供技术应用的建议和资源链接。这可以帮助设计师探索和应用最新的可视化技术，提高方案呈现的专业度和吸引力。

Example 11

对于一个大型商业空间设计项目，设计师希望通过 VR 技术让客户在设计方案完成前就能“走进”设计中的空间。ChatGPT 可以提供 VR 技术的基础知识、软件工具推荐以及相关的教程链接，帮助设计师快速掌握这一技术，制作出沉浸式的 VR 漫游体验。

You

我现在正在设计一个大型商业空间项目，希望通过 360 度沉浸式空间效果让客户在设计方案完成前就能“走进”设计中的空间。请给我推荐一款可以根据 3D 效果图自动生成 360 度全景图的软件。

关于可以根据 3D 效果图自动生成 360 度全景图的软件，我推荐使用 Enscape。

- Enscape 是一个实时渲染和虚拟现实插件，能够在工作流上与多种设计软件如 Revit、SketchUp、Rhino、ArchiCAD 和 Vectorworks 无缝衔接。它允许设计师和建筑师直接从建模软件中生成高质量的 3D 全景图。
- Enscape 还提供了一键式的操作，可以快速从任何 3D 场景中生成 360 度全景图。这些全景图可以在任何设备上查看，不需要专业的 VR 头盔，非常适合客户预览设计方案。

使用 Enscape，设计师可以轻松将 3D 模型转换为沉浸式的 360 度全景图，为客户提供独特的空间体验，帮助他们在设计完成前“走进”和理解即将建造的空间。

通过这样的赋能，ChatGPT 不仅可以帮助设计师在方案呈现与可视化阶段提高效率，还能通过提供创新的建议和技术支持，增强设计方案的表现力和说服力。这对于提升客户满意度、加快方案审批流程以及最终实现设计目标都具有重要意义。

第 7 节

提供项目管理赋能团队协作

项目管理与协作对于室内设计项目的成功至关重要。有效的项目管理不仅涉及项目的时间、预算和资源的控制，还包括团队成员之间流畅的沟通与协作。在这方面，ChatGPT 可以赋能以下环节：

1. 项目进度跟踪与管理

ChatGPT 可以帮助设计师制定项目时间表，提醒即将到来的重要里程碑和截止日期，确保项目按计划推进。此外，ChatGPT 还可以推荐项目管理工具，帮助设计师有效监控项目状态，及时调整计划以应对可能出现的问题。

Example 12

设计师正在管理一个多阶段的室内装修项目，需要同时跟踪多个供应商的交付时间和施工队的工作进度。

You

设计师正在管理一个多阶段的室内装修项目，需要同时跟踪多个供应商的交付时间和施工队的工作进度。请帮助设计师考虑建立一个项目时间表，包括各个阶段的关键任务和截止日期，并推荐使用项目管理软件便于设计师实时跟踪这些任务的完成情况。

为了有效管理一个多阶段的室内装修项目，建立一个详细的项目时间表并选择合适的项目管理软件是非常重要的。以下是 3 款推荐的项目管理软件。

- **Trellg：**直观的看板式界面，适合跟踪项目的不同阶段和任务。用户可以为每个任务创建卡片，指定截止日期，并分配给团队成员。

- **Asana：**提供灵活的项目视图（列表、看板、日历等），支持设置任务依赖关系，适合复杂项目的管理。Asana 还能够发送任务提醒和进度更新。

- **Monday.com：**高度可定制的工作区，支持各种项目模板，适合团队协作和多项目管理。Monday.com 提供丰富的集成选项，方便与其他工具配合使用。

选择合适的项目管理软件可以帮助设计师有效地规划、执行和监控室内装修等项目的每个阶段，确保项目按时完成并达到预期效果。

2. 沟通与团队协作

在设计项目中，有效的沟通和团队协作对于确保设计理念的准确传达和实施至关重要。ChatGPT 可以协助设计师制定沟通计划，提供团队协作的策略和工具，如 Slack 或 Microsoft Teams，以促进团队成员之间的信息共享和协作。

Example 13

设计团队在不同的地方办公，需要一个协作平台来共享设计方案、客户反馈和项目文件。ChatGPT 可以建议设计师使用特定的在线协作工具，并提供如何设置虚拟会议、共享文件和管理团队讨论的指南。

You

设计团队分布在不同的地理位置，需要一个有效的协作平台来共享设计方案、客户反馈和项目文件，请给设计师推荐 3 款适合空间设计项目的特定的在线协作工具。

对于空间设计项目，选择能够支持设计方案共享、客户反馈整合和项目文件管理的协作平台至关重要。以下 3 款在线协作工具特别适合设计师及其团队使用，以提高项目的协作效率和沟通效果。

Autodesk BIM 360

- **特点：** Autodesk BIM 360 是一个云协作平台，专为建筑、工程和施工项目设计。它支持项目团队在项目生命周期中的任何阶段协作，包括设计共享、文档管理和项目跟踪。
- **优势：** BIM 360 加强了团队之间的沟通和协作，提供了实时的项目更新和访问控制，确保所有团队成员都可以访问最新的项目信息。此外，它还支持模型协同工作和冲突检测，非常适合复杂的空间设计项目。

Revizto

- **特点：** Revizto 是一款集成的协作软件，专为 AEC（建筑、工程、建设）行业设计。它将 3D 模型和 2D 图纸整合到一个易于使用的平台上，支持实时协作和项目跟踪。
- **优势：** Revizto 强调可视化的项目管理和沟通，使团队成员能够通过云端同步实时查看和备注模型和图纸。它的问题跟踪和管理功能帮助团队识别和解决设计阶段的问题，避免施工过程中的错误和延误。

ArchiCAD Teamwork

- **特点：** ArchiCAD Teamwork 是 Graphisoft 开发的一款协作工具，它允许空间设计团队在一个共享的模型上同时工作，因此可以忽略成员的实际位置。Teamwork 功能是 ArchiCAD 软件的一部分，专为远程办公和分布式团队的协作而设计。

- **优势：** 通过将 BIM cloud 作为服务，ArchiCAD Teamwork 支持快速和有效的远程协作，确保所有团队成员都能实时访问、共享和更新项目文件。这种方式不仅提高了工作效率，还增强了项目信息的透明度和可追溯性。

这 3 款工具各自具有独特的功能和优势，能够满足建筑设计团队在项目管理和协作方面的不同需求。选择合适的协作平台可以帮助团队更高效地工作，同时确保项目信息的准确性和及时性。

通过这样的赋能，ChatGPT 能够帮助室内设计师更有效地管理项目，促进团队之间的沟通与协作，同时提供问题解决方案和决策支持。这不仅能够提高项目管理的效率，还能够增强团队的凝聚力，确保项目顺利完成。

第 8 节

提供持续学习
赋能技能提升

在快速变化的设计行业中，持续学习和技能提升对于空间设计师来说是保持竞争力的关键。ChatGPT 可以在这一过程中起到重要的支持作用，帮助设计师获取最新知识、学习新技能和探索创新思维。以下是几个具体的赋能方式：

1. 最新知识和趋势的获取

ChatGPT 可以帮助设计师快速了解最新的设计理论、实践和行业趋势。通过提供行业报告、研究文章和设计博客的摘要和链接，设计师可以在短时间内获取大量的信息，保持自己的知识库更新。

Example 14

如果设计师想了解当前的可持续设计趋势，ChatGPT 可以提供相关的行业报告摘要，介绍如何在空间设计中应用环保材料、节能技术等绿色建筑实践，以及这些趋势如何影响设计师的工作方式和客户的需求。

设计师正在参与一个空间可持续设计项目，请给设计师提供相关的行业报告摘要，报告需要包括如何在建筑设计中应用环保材料、节能技术等绿色建筑实践信息。

You

在当前建筑设计领域，可持续性已经成为一个核心主题，旨在通过采用环保材料、节能技术等绿色建筑手段，减少对环境的反向影响，同时提高建筑的能源效率和居住舒适度。以下是关于如何在建筑设计中应用这些可持续策略的行业报告摘要。

环保材料

- **再生和可再生材料：** 选择可回收利用或来自可持续来源的材料，如竹子、再生木材、天然石材等，旨在减少资源的消耗和建筑废弃物的产生。
- **低挥发性有机化合物（VOC）的材料：** 使用低 VOC 涂料、胶黏剂和装饰材料，以改善室内空气质量，保护居住者健康。

节能技术

- **被动式设计：** 利用自然光照和通风、优化建筑方向和布局，以最大化自然资源的利用，减少对人工照明和空调的依赖。
- **高效能建筑系统：** 包括高效的供热、供冷、照明和水管理系统，如使用太阳能光伏板、地热泵和 LED 照明。
- **智能建筑技术：** 通过智能家居系统和自动化控制，实时监控和调整能源使用，达到节能减排的目的。

其他绿色建筑实践

- **绿色屋顶和垂直绿化：** 在建筑上应用植被覆盖，不仅可以隔热保湿、减少径流，还能增加生物多样性。
- **雨水收集和再利用系统：** 收集雨水用于冲厕、灌溉和补充冷却系统，以减少对淡水资源的需求。
- **室内环境质量：** 通过增加自然采光、优化空气流通和使用无毒材料，创造健康舒适的居住和工作环境。

以上策略不仅体现了设计对环境保护的责任，也展现了可持续设计如何提高建筑的经济、社会和环境价值。随着技术的进步和社会意识的提高，可持续建筑设计将继续引领行业发展，为未来的建筑实践树立新的标准。

2. 创新思维和跨领域学习

ChatGPT 鼓励设计师进行创新思维和跨领域学习，探索设计以外领域的知识，如心理学、环境科学和技术创新，以丰富设计思路和解决方案。

Example 15

设计师对如何在设计中应用心理学原理以提升空间的舒适度和功能性感兴趣，而 ChatGPT 可以提供心理学与室内设计交叉的研究资源。

You

如何在室内设计中应用心理学原理以提升空间的舒适度和功能性，请提供心理学与室内设计交叉的研究资源，介绍色彩心理学的基本知识、空间布局对人的情绪和行为的影响，以及如何设计可以营造健康和具有幸福感的生活环境。

在室内设计中应用心理学原理可以显著提升空间的舒适度和功能性，影响人们的情绪和行为，从而创造出促进健康和幸福感的生活环境。以下是一些关于如何将心理学原理融入室内设计的研究资源和建议。

色彩

- **蓝色：** 通常被认为具有镇静和放松的效果，适合卧室和浴室。
- **绿色：** 代表自然和新生，能够缓解眼睛疲劳，适合办公室和学习区。
- **黄色和橙色：** 产生温暖和乐观的感觉，但过量可能导致焦虑，适合用作餐厅或厨房的点缀。
- **红色：** 激发能量和激情，但可能过于刺激，适合用于活动空间的装饰。

推荐资源

- 《色彩心理学与色彩疗愈》(*Color Psychology and Color Therapy*)，作者：费伯·比伦（Faber Birren）

空间布局
空间布局对人的行为模式和社交互动有显著影响。开放式布局促进家庭成员之间的互动和社交，而分隔式布局可以为个人活动提供私密空间。

推荐资源

- 《隐藏的维度》(*The Hidden Dimension*)，作者：爱德华·T. 霍尔(Edward T. Hall)
- 《建筑：形式、空间与秩序》(*Architecture: Form, Space, and Order*)，作者：程大锦(Francis D. K. Ching)

促进健康和幸福感

- **自然光照**：可以提高人的活力，调节生物钟。
- **室内植物**：净化空气，增加室内的自然元素。
- **通风系统**：保持空气新鲜，减少有害物质的积累。
- **天然材料**：如木材、石材等，可以减少化学物质的使用，提供更健康的居住环境。

推荐资源

- 《疗愈空间：场所与幸福的科学》(*Healing Spaces: The Science of Place and Well-Being*)，作者：埃斯特·M. 斯滕伯格(Esther M. Sternberg)
- 《亲生物设计：让建筑焕发生命力的理论、科学与实践》(*Biophilic Design: The Theory, Science and Actice of Btringing Buildingsto Lifte*)，作者：史蒂芬·R. 科勒特(Stephen R. Kellert)，朱蒂特·西瓦尔根(Judith Heerwagen)，马丁·L. 马多尔(Martin L. Mador)

通过这样的赋能，ChatGPT 可以帮助室内设计师不断更新知识体系，提升专业技能，同时鼓励设计师探索新的思维方式和创新方法。这不仅有助于设计师个人的职业发展，也能够提高设计项目的质量和创新性，最终为客户创造更大的价值。

第 2 章

Midjourney 赋能空间设计

第 1 节
关于 Midjourney

1. Midjourney 简介

Midjourney 是一个强大的 AI 工具，可以帮助设计师、艺术家和创意工作者探索和实现他们的创意想法。这个 AI 工具能够通过文本提示（即提示词，Prompt）生成高质量的图像和视觉内容，使用户能够快速从概念转移到具体的视觉表现。以下是一些 Midjourney 对于设计师来说特别有价值的特性。

1 **快速设计：** Midjourney 可以迅速将文本描述转化为具体的图像，帮助设计师在项目的早期阶段探索不同的视觉概念方向。

2 **创意探索：** 设计师可以使用 Midjourney 作为一个创意工具，以探索和试验不同的风格、色彩和布局方案，从而扩展他们的创意边界。

3 **高效迭代：** 通过快速生成不同的设计选项，Midjourney 让设计师能够高效地迭代和改进他们的创意，找到最佳的设计解决方案。

4 **灵感来源：** 当设计师遇到创意瓶颈时，Midjourney 可以作为一个强大的灵感来源，激发新的想法来创造更多视觉表现。

5 **多样包容：** Midjourney 能够生成多种风格和不同文化背景的视觉内容，有助于设计师创作更具包容性和多元化的设计作品。

6 **降本增效：** 与传统的设计过程相比，使用 Midjourney 可以大大减少从概念到最终视觉表现的时间，进而也降低了项目的成本。

对于初学者来说，开始使用 Midjourney 的最佳方式是通过实践和试验。通过尝试不同的 Prompt 和参数设置，设计师可以逐渐了解如何有效地使用这个工具来支持他们的设计流程。此外，加入 Midjourney 社区和论坛也是一个好方法。

2. 界面介绍

Midjourney 通常通过一个与其服务集成的交互平台，如 Discord 来操作，而不是传统意义上的独立软件界面。这意味着用户通过在 Discord 服务器中发送命令并和 Bot 机器人交互来使用 Midjourney 的功能。

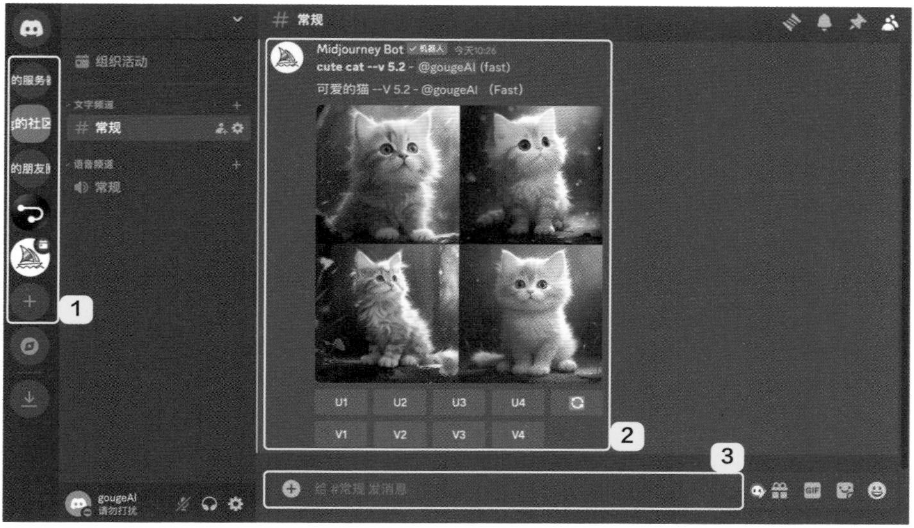

Midjourney 的软件界面主要由 3 个部分组成：

1. **左侧区域：**这部分显示的是服务器和子组群的列表。在这里用户可以看到他们所加入的不同服务器和子组群，从而轻松切换到不同的讨论区和工作组。
2. **中间区域：**这部分是根据 Prompt 生成的图片效果预览区以及根据预览生成的图片进行具体编辑的区域。
3. **下方区域：**这里有一个加号标志，表示用户可以在这个位置上传图片。这个功能对于那些需要将现有图像作为灵感或参考的用户来说非常有用。用户在对话框区域输入 Prompt，Midjourney 可以根据这些文字描述生成相应风格和内容的图像。

整个界面的设计简洁直观，使用户能够方便上传图片、浏览不同的讨论组和服务器，以及输入生成图像所需的 Prompt。

3. 基本功能

以下是对 Midjourney 操作方式和常用功能的简要介绍，旨在帮助初学的设计师快速上手。

1. **加入 Midjourney：**因为 Midjourney 主要通过 Discord 进行操作，所以首先需要有一个 Discord 账户。通过邀请链接加入 Midjourney 的 Discord 服务器。这些链接通常需要通过 Midjourney 的官方网站或社区分享来获取。
2. **使用 Prompt 生成图像：**在 Midjourney Discord 服务器的特定频道中，可以通过简单的文本命令 Prompt 来请求生成图像。命令通常以特定的前缀开始，后跟图像描述，例如："/imagine prompt+［图像描述］"。
3. **图像生成：**最基本的功能是根据用户的 Prompt 生成图像，这是通过发送包含描述性提示的命令来完成的。
4. **调整参数：**Midjourney 允许调整生成图像的参数，如风格、细节程度等。这些参数可以直接在命令中指定，以控制图像生成的方向和质量。
5. **风格选项：**用户可以指定图像遵循的特定风格，例如现代、抽象或具体的艺术风格。
6. **迭代和变种：**一旦生成了初步图像，设计师可以请求对某个图像进行迭代或创建变种，以探索不同的设计方向。
7. **分辨率选择：**设计师可以选择生成的图像的分辨率，以适应不同的设计需求。
8. **社区互动：**Midjourney 的 Discord 服务器不仅是一个工具平台，也是一个社区。设计师可以在这里分享自己的作品来获取反馈，也可以从其他用户的项目中获得灵感。

第 2 节
提示词 Prompt 的编写方法

Midjourney 的应用之一是学会如何有效地使用 Prompt 关键词来生成所需的图像。Prompt 是 AI 绘图软件中用于指导图像生成的文本命令，它们的结构和组合方式直接影响最终生成的图像质量和风格。以下是掌握 Prompt 结构的一些关键步骤和技巧。

1. Prompt 的基本介绍

1 理解 Prompt 的基础结构

Prompt 通常包括主题、风格、特定细节和技术参数等元素。其中，主题描述了图像的核心内容，如“现代别墅”或“自然风景”。风格指定了图像的视觉风格，如“超写实主义”或“未来派”。特定细节涉及图像的具体元素，如“大型玻璃窗”或“临海”。技术参数控制图像的宽高比、解析度等。

2 构建高效的 Prompt

使用简洁明了的描述，避免过于复杂或含糊的表达。结合主题、风格和细节描述，创建一个具有指导性的命令。试验不同的 Prompt 组合，以找到最佳的生成效果。

3 借助工具和资源提升 Prompt 写作

使用在线工具和资源库，如 Midjourney 官方网站、PromptHero 等，来获取灵感和参考。还可以结合其他用户的成功案例，学习他们的 Prompt 写法。

4 精准调整和优化

根据生成的图像效果，逐步调整 Prompt 词汇，改进图像的细节和整体风格。注意 Prompt 中每个词汇的影响，细微的调整有时可以带来显著的变化。

5 案例练习

进行实际的设计项目练习，应用 Prompt 生成不同风格和主题的图像。分析练习中的成功和不足之处，不断迭代和完善 Prompt 写法。

2. Prompt 的 3 种构成规则

1 **基本提示：**可以是简单的单词、短语或表情符号。

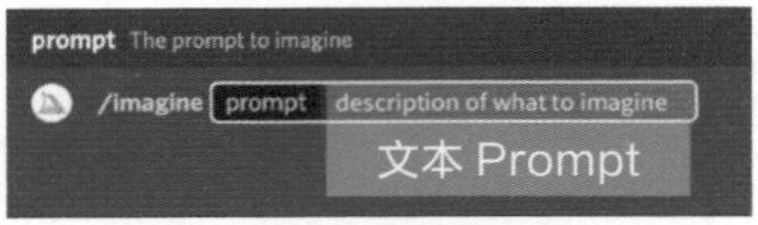

2 **高级提示：**可以包括一个或多个图像 URL、多个文本短语以及一个或多个参数，举例如下。

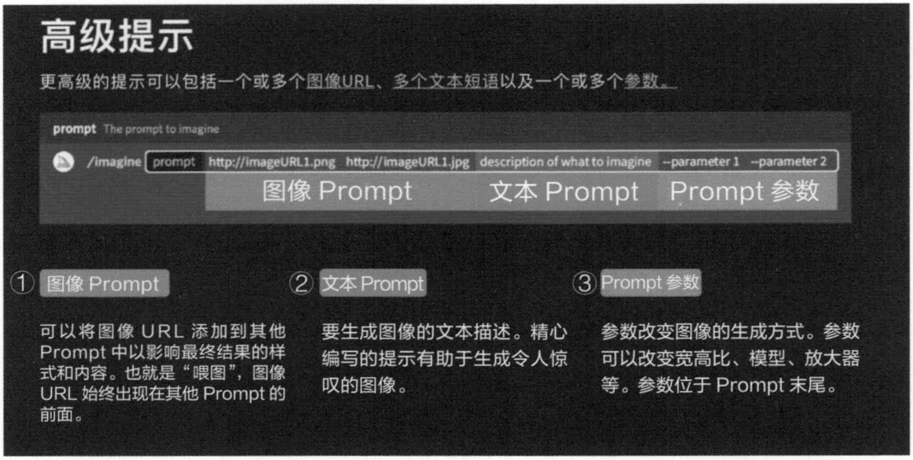

Prompt: Hyper realistic eye level exterior photo of a futuristic style house，overlooking the jungle，daylight，indirect lighting，AD magazine，Frank Lloyd Wright，Eames，Mies van der Rohe --ar 9：6

提示词：未来风格房屋的超现实视线水平外部照片，俯瞰丛林、日光、间接照明、AD 杂志、弗兰克 · 劳埃德 · 赖特、埃姆斯、密斯 · 凡 · 德 · 罗 --ar 9：6

更多高级提示

主题：人、动物、人物、地点、物体等。
媒介：照片、绘画、插图、雕塑、涂鸦、挂毯等。
环境：室内、室外、月球上、纳尼亚、水下、翡翠城等。
照明：柔和、环境、阴天、霓虹灯、工作室灯等。
颜色：充满活力、柔和、明亮、单色、彩色、黑白、柔和等。
情绪：稳重、平静、喧闹、精力充沛等。
构图：人像、爆头、特写、鸟瞰图等。

3 **详细提示：**通过对以上提示词的分析与概括，可以发现它由绘画的主体、风格、光线角度、相机参数、渲染参数等组成，我们一个一个来分析。

①**主体：**这个通常就需要具体的描述，比如“a girl”“A Chinese 20-year-old Woman”，可以加上常见的修饰词，在中文里面就是：什么东西什么样，这里可以有多个主体，通过提示词链接，比如“a yellow cat dirve a blue car”。

②**主体的特征：**通常是对主体的修饰词，比如：“大大的眼睛”“蓝色的耳环”“黑色的头发”等。

③**内容风格：**内容的特性描述，通常是抽象的，一般是 AI 能理解的专业词汇，比如艺术流派（抽象主义、现实主义、魔幻等）、艺术家或者作品（宫崎骏、梵高等）、画风（中国画、油画、插画等）。

④**内容特点：**有时候和风格也很难分割，主要描述你这张画作的整体特性，比如：“高度真实的人像”。

⑤**光线：**画面光照的描述，通常是专业词汇，比如体积照明（volumetric lighting）、冷光（cold light）、情绪照明（mood lighting）、明亮的（bright）、柔和的照明 / 柔光（soft illuminaotion/ soft lights）。

⑥**角度：**整体画面的视角描述，一般也是专业词，比如鸟瞰图（a bird's-eye view，aerial view）、顶视图（top view）、倾斜移位（tilt-shift）。

⑦**相机参数：**AI 的强大之处在于，你可以给他设置相机参数，如相机名（如 kodak portra 800）、焦距光圈（35mm、f1.8 等）、宽高比（16：9、9：16、2：3 等）、分辨率（4K、8K、16K、32K 等）。

⑧**渲染参数：**如虚幻引擎（Unreal Engine）、OC 渲染（Octane Render）、渲染（Maxon Cinema 4D）、建筑渲染（architectural visualisation）、室内渲染（corona render）、真实感（quixel megascans render）。

3. 如何精准写 Prompt 提示词

1 **借助风格模板改写：**通过 Prompt 常用网址里面找空间设计相关的优秀作品，基本上都有完整的关键词描述。

2 **借助 ChatGPT 辅助：**可以根据自己的工作设计需要来写需求，然后让 ChatGPT 辅助精准描述。

帮我为 Midjourney 写一个关于现代建筑设计的英文 Prompt，主题为“森林里的别墅设计”。

You

当构建一个针对 Midjourney 的英文 Prompt 时，关键在于提供足够的细节以引导 AI 生成所期望的图像，同时保持足够的开放性以激发创意和创新。以下是一个关于“森林里的别墅设计”的现代建筑设计主题的 Prompt 示例。

Prompt: Design a modern villa nestled in a dense forest, harmonizing with nature while showcasing contemporary architecture. The villa features expansive glass walls for natural light and forest views, minimalist aesthetic with clean lines, and sustainable materials. Outdoor spaces include a seamless transition to the surrounding woodland, with a deck and a green roof. Emphasize the blend of luxury and eco-friendly design, using a color palette that complements the forest environment. Highlight innovative design elements that make the villa a peaceful retreat and a masterpiece of modern architecture

提示词：设计一座坐落在茂密森林中的现代别墅，与自然和谐相处，同时展示现代建筑。别墅拥有广阔的玻璃墙，可欣赏自然光和森林景观，线条清晰的极简主义美学和可持续材料。户外空间包括与周围林地的无缝过渡，配有甲板和绿色屋顶。强调奢华与环保设计的融合，使用与森林环境互补的调色板。突出创新设计元素，使别墅成为一个宁静的度假胜地和现代建筑的杰作

这个 Prompt 在以下几个方面提供了具体的指导。

- **环境融合：**指出别墅位于密林中，需要与自然和谐共存。
- **建筑特点：**强调现代建筑的特征，如广阔的玻璃墙、简约的美学和清晰的线条。
- **可持续性：**提到使用可持续材料以及别墅的绿色屋顶和户外甲板。
- **色彩和材质：**要求色彩方案与森林环境相衬托，强调自然光和森林景观的重要性。
- **设计创新：**鼓励展示别墅设计中的创新元素，使其成为现代建筑的典范。

4．优质图库常用提示词模板库

Example 1　建筑设计生成模版

Prompt： Architectural Design Magazine Cover，Intelligent Buildings in the Era of Artificial Intelligence，Future Architecture Style，AIGC Design，HD 8K，Realistic Photography，HD，Award winning Poster Design，Super Detailed，32K Resolution Octan Rendering --ar 2：3 --s 750 --v 6.0

提示词：建筑设计杂志封面，人工智能时代下的智能建筑，未来建筑风格，AIGC 设计，高清 8K，真实摄影，高清，获奖海报设计，超级详细，32K 分辨率的 Octan 渲染 --ar 2 ：3 --s 750 --6.0

Example 2 室内设计生成模板

Prompt: Modern living room design，new Chinese style，combining traditional Chinese elements with modern minimalist elements，the practical and elegant living space of Chinese furniture，and realistic renderings --ar 3：2--v 6.0

提示词： 现代客厅设计，新中式风格，传统中式元素与现代简约元素相结合，中式家具的实用优雅的生活空间，逼真的效果图 --ar 3： 2 --v 6.0

Example 3 艺术建筑风格模板

Prompt: ancient houses arthouse art，in the style of seaside vistas，vibrant airy scenes --ar 9：16 --s 750

提示词： 古老的房屋艺术，海边景色的风格，充满活力的通风场景 --ar 9：16 --s 750

通过学习使用 Prompt 的步骤和技巧，设计师可以更加精准地控制 Midjourney 生成图像，使其更好地符合设计需求和创意想象。Prompt 的有效使用是提升 AI 绘图技术应用水平的关键，对于追求高质量和个性化设计的专业人员来讲是如虎添翼。

第 3 节
参数设置与调整

1. 常用设置

在使用 Midjourney 进行设计和创意工作时，熟悉其参数设置和调整方法是关键。这些参数允许用户定制化生成图像的风格、细节程度和其他特征，以更好地适应具体的项目需求。

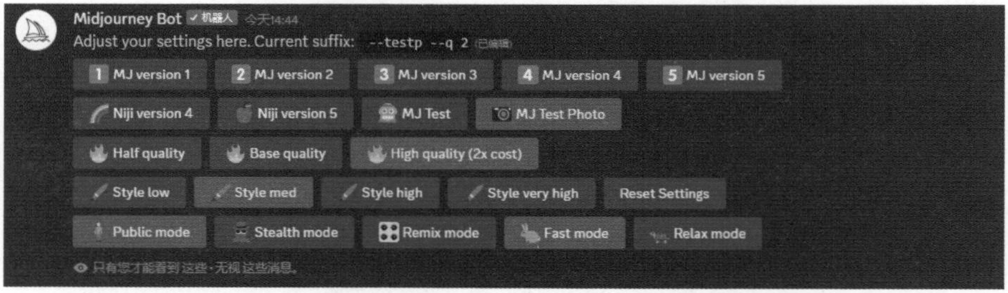

在对话框中输入“/”，选择“settings”按钮便可以修改设置。以下是一些对初学者尤其有用的常用软件参数设置。

1 提示精度

描述：决定了 Prompt 的具体性。更具体的 Prompt 会产生更精确匹配的图像，而更模糊的 Prompt 则允许 AI 工具有更多的创造空间。

应用：在构建 Prompt 时，考虑包括风格、主题、色彩等具体信息，比如“明亮现代厨房内部设计，带有大理石台面和不锈钢器具”。

2 风格参数

描述：允许用户指定生成图像所遵循的艺术风格或视觉风格。

应用： 通过加入风格关键词来引导图像的风格方向，例如“水彩”“超现实主义”或“未来主义”。

3 图像质量

描述： 控制生成图像的分辨率和细节水平。

应用： 可以通过特定的参数调整来请求更高质量的图像，例如使用高分辨率设置。

4 宽高比

描述： 定义生成图像的宽高比例，例如正方形、横向或纵向。

应用： 根据设计需求调整宽高比，使用如“--ar 16：9”（横向）或“--ar 1：1”（正方形）来生成特定宽高比的图像。

5 创造性

描述： 调整 AI 生成图像时的创新程度，控制图像的独特性和非传统元素的出现频率。

应用： 通过调整创造性参数，可以鼓励 AI 产生更加独特和意想不到的视觉输出。

6 色彩

描述： 影响生成图像的整体色调和色彩搭配。

应用： 虽然 Midjourney 的参数中没有直接调整色彩的选项，但在 Prompt 中指定希望的色彩或氛围（如“暖色调”“冷色调”）可以间接影响结果。

7 种子（Seed）

描述： 一个数值，用于控制图像生成过程中的随机性，确保结果的可重复性。

应用： 通过指定种子值，可以在需要时重现之前的图像生成结果，或用作试验的一部分。

2. 几个重要的参数

1 **--ar：** 生成图像的宽高比，比如 9：16，2：3 等。用法是 --ar 9：16，中间一定要有空格。

2 **--v：** 选择 Midjourney 版本。用法是 --v 6.0，一样有空格，默认是 v 5，因为 v 5 算法模型更好，生成图片质量更高。

3 **--iw：** 参照图片的权重。有时候需要参考一张图片，如果想保留更多参考图信息，这个值就设置大一点，范围 0.5～2.0。如果使用 --iw 2，就是生成的图最大限度接近喂给 AI 的参考图。

4 **--q：** 质量，代表花费多少时间渲染，选择范围是 0.25、0.5、1、2。一般来说，值越高渲染成本越高，质量越好，但不是适合所有情况。

5 **--s：** 用于调整风格化程度。数值越高，图像艺术性越强，与 Prompt 关联性越弱。

6 **--niji：** 官方提供的更适合动漫生成的模型，如果有需求，可以开启这个。

使用 Midjourney 可以大幅提高设计的效率和创造性，尤其是在概念阶段需要快速产生和迭代不同的视觉想法时。设计师可以利用这个工具来探索更广泛的设计可能性，同时也为客户提供更具吸引力的视觉演示。学会 Prompt 的灵活运用是关键的一步，一方面可以从简单的参数开始，逐步尝试不同的组合来观察对生成图像的影响。另一方面，通过记录不同参数组合下的结果，帮助理解每个参数对最终图像的具体影响。

另外，Midjourney 社区是学习和灵感的宝库，观察其他用户如何使用参数可以领悟到新的见解和技巧。通过掌握这些参数设置和调整方法，设计师可以更有效地利用 Midjourney 作为设计和创意工具，生成符合项目需求的高质量图像，从而在设计流程中节省时间，提升创作的灵活性和创新性。

第 4 节
Midjourney 两大优势

Midjourney 为设计师提供的工作赋能主要集中在创意提升和工作效率提升两个方面，通过以下具体的应用场景和例子进行说明。

1. 创意提升

1 **多样化的风格探索：** Midjourney 能够根据设计师的文本提示生成多种风格的设计图像，比如现代、复古、未来主义等。这意味着设计师可以在很短的时间内探索和比较不同风格的设计方案，从而更好地定位项目的视觉风格。例如，一个室内设计师可以通过 Midjourney 探索“未来主义风格的客厅”与“斯堪的纳维亚风格的客厅”的视觉差异。

2 **色彩和材料的实验：** 设计师可以使用 Midjourney 来实验不同的色彩搭配和材料使用，看看它们如何影响设计的整体感觉和氛围。比如，通过生成“带有蓝色调和木质元素的办公空间”与“采用温暖色调和金属材质的办公空间”的对比图，帮助客户做出选择。

3 **构思和灵感的激发：** 在面临创意障碍时，Midjourney 可以通过生成意想不到的图像来激发新的设计思路。设计师可以输入宽泛或具体的文本提示，比如“未来城市的公共空间”，来获得新的构思灵感。

2. 效率提升

1 **快速可视化表现：** Midjourney 能够在几分钟内根据文本提示生成高质量的图像，大大缩短了从概念到可视化表现的时间。这对于需要在客户会议前快速准备多个设计方案的情况特别有用。

2 **演示和提案的加强：** 通过使用 Midjourney 生成的图像，设计师可以在提案和演示中展示更加生动和具体的视觉内容，帮助客户更好地理解和感受设计意图。例如，在提出一个新的品牌形象设计时，设计师可以展示该品牌在不同应用场景下的视觉效果。

3 **迭代和修改的效率：** 与传统的设计过程相比，使用 Midjourney 进行设计迭代可以更加迅速和灵活。设计师可以根据客户的反馈快速调整文本提示，生成修改后的设计方案，而不需要花费大量时间手动调整。

Example 4 **建筑设计案例：** 设计一个多功能的文化中心，旨在融合现代感与地方文化特色。

Prompt: Design a multifunctional cultural center that integrates modernity and local cultural characteristics. The unique facade design showcases the use of local materials and modern architectural techniques. Display different structural forms, including streamlined, geometric cuts, and modern interpretations of traditional elements. Emphasize the use of natural light and the interaction of outdoor spaces. The color scheme should not only reflect local characteristics, but also echo modern aesthetics. Please generate innovative and visually appealing building visual renderings.

提示词： 设计一个融合现代感与地方文化特色的多功能文化中心。外观展现独特的立面设计，使用当地材料并结合现代建筑技术。展示不同的结构形态，包括流线型、几何切割和传统元素的现代诠释。强调自然光的使用和室外空间的互动。色彩方案既要体现地方特色，也要呼应现代审美。请生成具有创新性和视觉吸引力的建筑视觉效果图。

创意提升： 设计师使用 Midjourney 探索“现代建筑结合地方文化元素”的概念，生成了一系列独特的外观设计方案。这些方案展示了不同的材料使用、立面设计和结构形态，激发了设计团队对项目可能性的新思考。

效率提升： 通过快速迭代这些方案，设计师能够在短时间内与客户沟通并调整设计，加速了设计决策过程。与传统的建模和渲染方法相比节省了大量时间。

Example 5　**室内设计案例：** 为一家新开的咖啡店设计室内空间，要求舒适且具有吸引力，适合年轻人群。

Prompt: Design a comfortable and attractive indoor space for a newly opened coffee shop that attracts young people. Explore design solutions that include industrial style, modern minimalist style, and retro style. Each style should incorporate innovative color schemes and material choices, such as exposed brick walls, smooth metal surfaces, and warm wooden elements. The spatial layout should promote social interaction while providing quiet corners for personal contemplation or work. Please generate interior design visual renderings that reflect these requirements.

提示词： 为一家新开的咖啡店设计一个舒适且吸引年轻人的室内空间。探索包括工业风、现代简约风，以及复古风格在内的设计方案。每种风格应融合创新的色彩方案和材料选择，如裸露的砖墙、光滑的金属面和温暖的木质元素。空间布局要促进社交互动，同时提供安静的角落供个人沉思或工作。请生成反映这些要求的室内设计视觉效果图。

创意提升：设计师利用 Midjourney 生成了多种风格的室内设计方案，包括工业风、现代简约风，以及复古风格，每种风格都融合了创新的色彩方案和材料选择。这帮助设计师和客户探索了不同的视觉效果和氛围，促进了创意的多元化。

工作效率提升：设计师根据客户的反馈快速修改设计方向，如调整色彩搭配或更换家具款式，并即刻生成新的设计视觉，大大加快了设计确认和修改的过程。

Example 6 **景观设计案例：**设计一个城市公共空间，要求既要满足功能性，又要提供绿色休憩的场所，增强城市的生态友好性。

Prompt: Design an urban public space that meets both functionality and provides a green resting place. Create a landscape that enhances urban ecological friendliness by combining natural gardens，modern geometric forms，and sustainable design elements. The space should include walking paths，rest areas，and extensive use of local vegetation to promote biodiversity. The design should take into account the usage needs of citizens of different ages and backgrounds，and encourage public participation and interaction. Please generate visual renderings of landscape design that showcase this concept.

提示词：设计一个既满足功能性又提供绿色休憩场所的城市公共空间。结合天然园林、现代几何形态和可持续设计元素，创造一个增强城市生态友好性的景观。空间应包括步行路径、休息区和广泛使用本地植被，以促进生物多样性。设计要考虑到不同年龄和背景的市民使用需求，鼓励公众参与和互动。请生成展示这一概念的景观设计视觉效果图。

创意提升：设计师使用 Midjourney 生成了包括天然园林、现代几何形态和可持续设计元素在内的多种景观设计方案。AI 生成的图像为设计团队提供了关于如何将生态功能与美学设计结合的新视角。

工作效率提升：通过快速生成并比较不同概念的视觉化表现，设计师能够迅速收集客户和公众的反馈，针对性地进行设计调整。这不仅加快了设计过程，也确保了设计方案能够更好地满足社会和环境的需求。

通过以上案例可以看出，Midjourney 通过其强大的图像生成能力，不仅能够帮助设计师在创意上突破传统的限制，探索更广阔的设计可能性，同时也在项目的沟通、迭代和实施阶段大大提高了工作效率。这些优势使得 Midjourney 成为设计行业中不可或缺的工具之一。

第 5 节

基础技巧——文生图

Midjourney 的“文生图”功能是指使用描述文本（文）来生成（生）图像（图）的能力。这种功能基于先进的 AI 技术，特别是在自然语言处理和计算机视觉领域的最新技术。用户输入详细的文本描述，Midjourney 能够解析这些描述，并生成与之相匹配的图像。

1. 功能概述

1 **文图转换：**用户提供一个或多个句子的描述（Prompt），描述可以涵盖所需图像的主题、风格、颜色和其他具体细节。Midjourney 利用这些描述生成相应的图像。

2 **风格适应性：**Midjourney 可以根据用户的指示模仿不同的艺术风格，从古典到现代，从写实到抽象。

3 **细节丰富：**生成的图像可以非常详细，反映出用户描述中的微妙之处，从而为设计和艺术创作提供丰富的素材。

2. 应用场景

1 **创意探索：**设计师可以通过文生图功能探索不同的设计概念，快速迭代出多种创意方案。

2 **视觉创作：**内容创作者可以利用这一功能来生成文章、社交媒体帖子或广告的视觉内容，使其更加吸引人。

3 **个性化项目：**艺术家可以用它来试验新的艺术形式或创作个性化的作品，为他们的艺术探索提供新的可能性。

3. 操作方式

Midjourney 通过简单的文本命令操作，无须复杂的图形界面或专业的图像编辑技能，用户只需在支持 Midjourney 的平台（如 Discord）输入 Prompt，即可开始图像生成过程。执行基本命令，在对话框输入“/imagine prompt”，将需要生图的 Prompt 全部输入。切记输入一组提示词的后面需要加上半角逗号“,”并空一格，符合英文书写规范。

Example 7 建筑设计文生图

Prompt： Hyper realistic eye level exterior photo of a futuristic style house overlooking the jungle，daylight，indirect lighting，AD magazine，Frank Lloyd Wright，Eames，Mies van der Rohe --ar 3：2

提示词： 俯瞰丛林、日光、间接照明的未来风格房屋的超现实眼水平外部照片，AD 杂志，弗兰克·劳埃德·赖特，埃姆斯，密斯·凡·德·罗 --ar 3：2

Example 8 室内设计文生图

Prompt: a living room，Interior design，Luxury Style--ar 3：2

提示词: 客厅，室内设计，豪华风格 --ar 3：2

Example 9 景观设计文生图

Prompt: Waterfront landscape，blending with water. Creating a pleasant waterfront environment，offering leisure and activity spaces. Landscape elements harmoniously merge with water features，providing a unique visual experience. Building a harmonious and sustainable waterfront area --ar 3：2

提示词: 海滨景观，与水融为一体。营造宜人的滨水环境，提供休闲活动空间。景观元素与水景和谐融合，提供独特的视觉体验。建设和谐可持续的滨水区 --ar 3：2

Midjourney 的文生图功能体现了 AI 在创意领域的应用，为设计和艺术创作开辟了新的路径。它不仅加快了创意过程，降低了创作门槛，还增加了创作的多样性和可能性。通过这种方式，Midjourney 将继续推动创意行业的发展，帮助创意专业人员实现他们的愿景。

第 6 节

基础技巧——图生图

Midjourney 的“图生图”功能，指的是利用现有图像作为输入参考，生成新图像的能力。这种功能允许用户上传一张或多张图片作为灵感或起点，然后通过 AI 解析和理解这些图像的内容和风格，进而创造出新的、基于原始输入但又带有新创意和元素的图像。这一功能在艺术创作、设计迭代以及视觉内容创新方面提供了极大的灵活性和可能性。

1. 功能概述

1 **基于图像的输入：**与传统的基于文本描述生成图像不同，“图生图”直接以图像作为输入，AI 根据这些图像的视觉特征生成新的作品。

2 **风格迁移和融合：**“图生图”功能可以捕捉输入图像的风格，并将其迁移到新的图像上，或者融合多个输入图像的风格和特征，创造出独特的视觉效果。

3 **内容创新：**除了风格上的变化，这项功能还能在内容上进行创新，根据输入图像生成包含新元素、新构图的图像，为用户提供全新的视觉体验。

2. 应用场景

1 **设计灵感扩展：**设计师可以上传自己的初步设计草图或现有的设计案例，利用“图生图”功能探索不同的设计方向，寻找新的灵感。

2 **艺术创作：**艺术家可以将自己的作品作为输入，探索不同的艺术风格和表现形式，生成全新的艺术作品。

3 **视觉内容增强：**内容创作者可以上传现有的图片，通过“图生图”功能加入新的元素或进行风格上的转换，为社交媒体、广告等内容提供更加吸引人的视觉素材。

3. 操作方式

操作“图生图”功能通常需要通过支持 Midjourney 的平台（如 Discord），用户通过上传图片并附加简短的指令或描述来指导 AI 生成的方向。这种方式结合了图像的直观性和文本指令的灵活性，为用户提供了高度自定义的图像生成体验。

执行基本命令，在对话框输入“/imagine prompt”，将需要生图的 Prompt 全部输入，切记输入一组提示词的后面需要加上半角逗号“,”并空一格，符合英文规范。具体步骤如下。

Step 1 **上传意向图：**首先需要准备原始参考图像，点击“+”上传图像。这张图像将作为 AI 生成的参考，所以尽可能接近所期望生成的风格和内容。

Step 2 **输入 Prompt。**

Step 3 **AI 生成过程中：**参考图像上传完成后，Midjourney 会自动分析并参照这张图像，生成接近风格的图像。这个过程是自动的，AI 会尝试捕捉和模仿原图的风格和元素。

整个过程强调的是 AI 对参考图像风格的模仿能力，这使设计师能够基于现有的想法或概念快速生成新的视觉效果。

Example 10　建筑设计图生图

Prompt: a modern home with large glass and stone facade，Modern style，richly layered，neo-concrete，dark silver and beige，ray eames，symmetrical arrangements --ar 3：2

提示词： 一个现代风格的住宅，大玻璃和石头的正面，现代风格，丰富的层次，新混凝土，深银色和米色，光线，对称的安排 3：2

Step 1　点击对话框“+”号输入参考图片，获取图像链接。
https://s.mj.run/RfCjCrHBbPA

Step 2　输入“参考图像链接 +Prompt”。

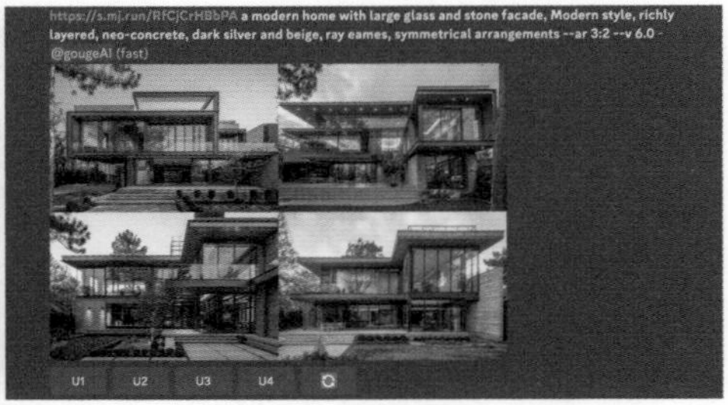

Step 3　选中意向图保存。

Example 11 室内设计图生图

Prompt: Living room design，luxurious living room with dark background，sofa，coffee table，bookshelf background wall，marble，light filled scenery，realistic renderings，dark brown and white styles --ar 3：2

提示词： 客厅设计，深色背景的豪华客厅，沙发，茶几，书柜背景墙，大理石，充满光线的风景，逼真的效果图，深棕色和白色的风格 --ar 3：2

Step 1 点击对话框“+”号输入参考图片，获取图像链接。
https://s.mj.run/Eb69wj5QGrl

Step 2 输入“参考图像链接 +Prompt”。

Step 3 选中意向图保存。

Example 12 景观设计图生图

Prompt: Modern style courtyard landscape design，Song Dynasty style，tranquil beauty，water features，landscape sketches，outdoor lounge chairs，realistic renderings --ar 3：2

提示词: 现代风格庭院景观设计，宋代风格，宁静之美，水景，景观小品，户外休息椅，逼真的效果图 --ar 3：2

Step 1 点击对话框“+”号输入参考图片，获取图像链接。

https://s.mj.run/RfCjCrHBbPA

Step 2 输入“参考图像链接 +Prompt”。

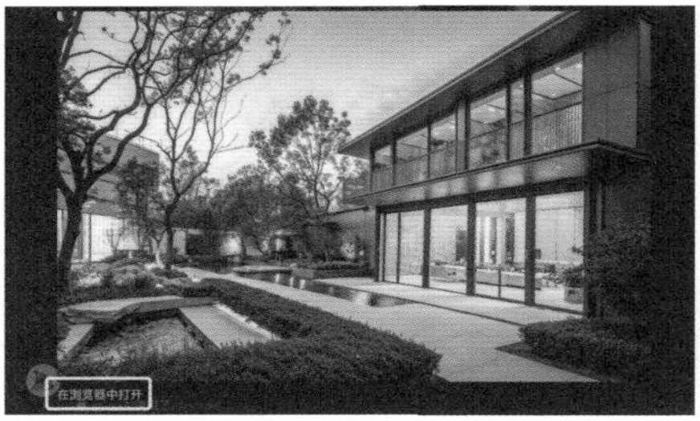

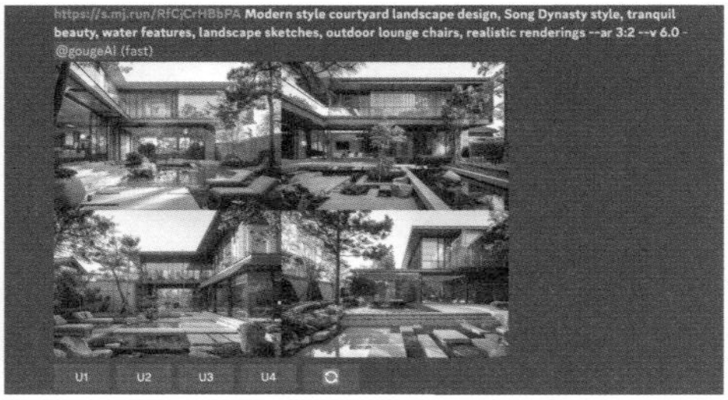

Step 3 选中意向图保存。

Midjourney 的“图生图”功能代表了 AI 在图像创作领域的进一步探索，不仅拓宽了用户的创意边界，还为各种视觉设计和艺术创作提供了新的方法论。通过这种方式，无论是在设计上的迭代还是在艺术表达上的探索，用户都可以更加自由地试验和实现他们的视觉创意。

第 7 节
进阶技巧
——设计风格的描述与融合

1. 描述功能（/discribe）

Midjourney 的描述功能（/describe）允许用户上传图像并根据该图像生成 4 种版本的 Prompt 文本。这个命令的主要用途是帮助用户探索新的词汇和审美趋势。关于此功能有几个关键点。

①它能够生成具有启发性和提示性的 Prompt，但无法完全重现上传的图像。

②它能反馈上传图片的宽高比例。

③这个功能主要用于在图像创作中寻找灵感和探索新的创作方向。

Example 13　建筑设计描述

Step 1　对话框中输入“/discribe”。

Step 2　上传参考图像，生成对应该参考图像的 4 种 Prompt。

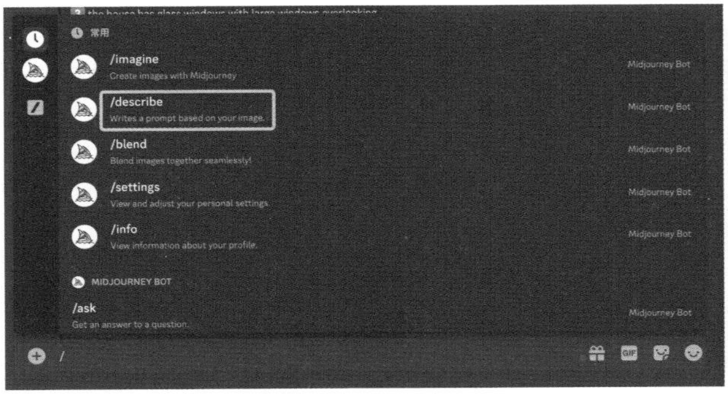

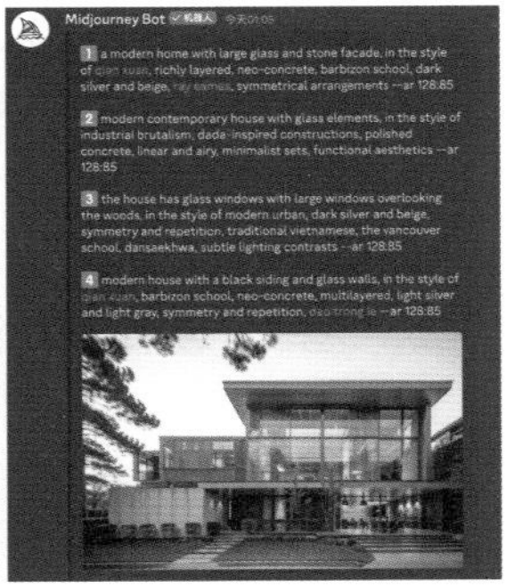

Example 14 室内设计描述

Step 1 对话框中输入“/discribe”。

Step 2 上传参考图像，生成对应该参考图像的 4 种 Prompt。

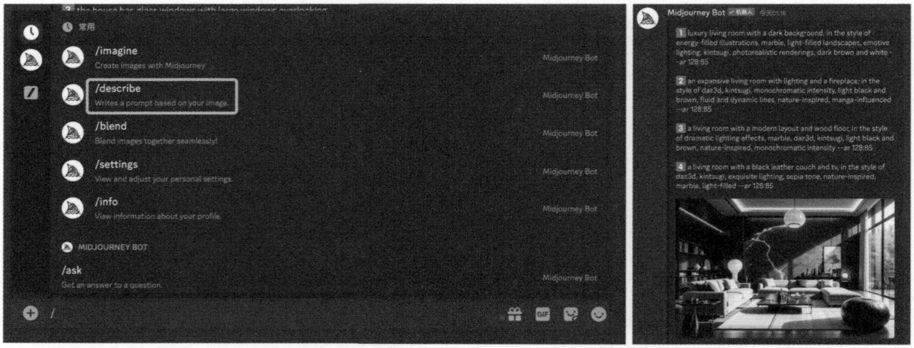

2. 融合功能（/blend）

融合功能（/blend）是一个强大的功能，它允许用户将多个图像融合成一个新的作品。风格融合是指将两种或多种不同的设计风格结合在一起，创造出新的视觉效果。可以是不同历史时期的风格、不同地区的风格，或者不同艺术流派的风格。融合功能允许上传 2～5 张图像。随后系统会分析每个图像的概念和美学，并将它们融合成一个新图像。它类似于使用“/imagine”的多个图像提示，但“/blend”针对移动设备使用进行了优化。这一技巧尤其适用于寻求创新和独特视觉效果的设计项目。以下是实现多种风格融合的关键步骤和技巧。

1. **选择合适的风格组合：**在风格融合之前，需要对不同的设计风格有深入的了解。选择互补或对比明显的风格进行融合，能够更好地创造出有趣且引人入胜的视觉效果。
2. **给 Midjourney 提供具体描述：**在 Midjourney 的提示词中指出想要融

合的风格，例如“结合极简主义和巴洛克风格”，然后提供具体的描述，例如材料、颜色、形状等，以帮助 Midjourney 更准确地理解和实现风格融合。

3 **多次试验和迭代：**在尝试过程中，可能需要进行多次实验和调整，才能找到最佳的风格融合效果。利用 Midjourney 生成的图像进行评估，并根据需要调整提示词来优化结果。

4 **上传和选项：**使用融合功能时，首先输入命令并上传两张图像（可以从硬盘拖放图像，或在移动设备上从照片库中添加）。如要添加超过两张图像，可以从 optional/options 字段中选择“image3”“image4”或“image5”。请注意，启动此命令可能比其他命令需要更长时间，因为需要先上传图像。融合功能的默认宽高比是 1∶1，也可以选择纵向（2∶3）或横向（3∶2）的宽高比。自定义后缀也可以像“/imagine”提示一样添加到“/blend”提示中。

5 **宽高比技巧：**为了获得最佳结果，建议上传与期望结果相同宽高比的图像。这有助于实现更和谐、美观的融合图像。

Example 15 建筑设计风格融合，传统与现代的结合，将徽派建筑与现代建筑融合生成新的造型。

参考图像 1：现代风格建筑

参考图像 2：徽派建筑

Step 1 对话框中输入“/blend”。

Step 2 上传两张参考图像。

Step 3 点击“生成”，自动生成两者融合后的设计意向概念图。

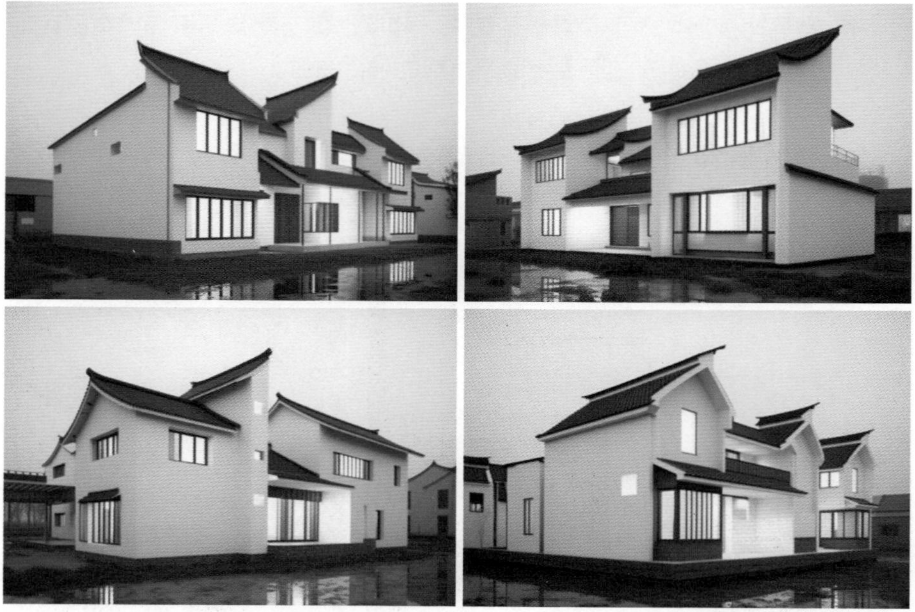

Step 4 重复以上步骤并不断调整，选择自己满意的效果图保存。

Example 16 室内设计风格融合，北欧风格与抽象油画融合的意向效果图。

参考图像 1：北欧风格客厅

参考图像 2：抽象油画作品

Step 1 对话框中输入“/blend”。

Step 2 上传两张参考图像。

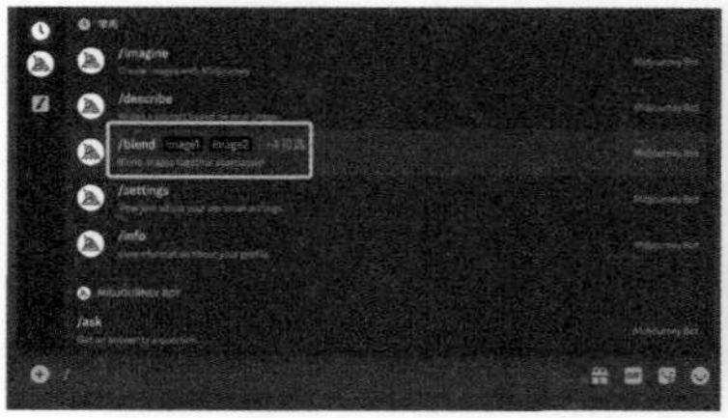

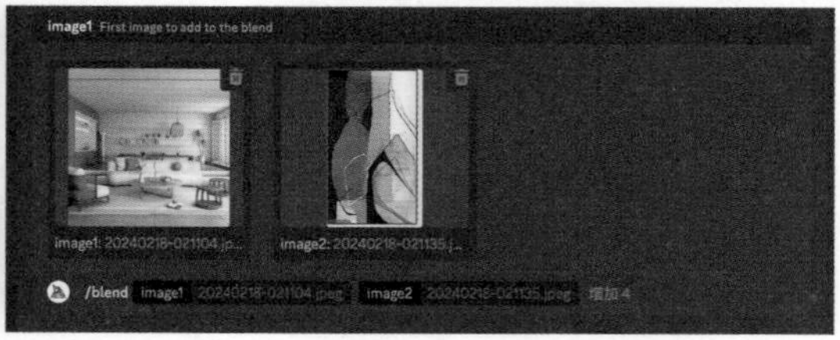

Step 3 点击“生成”，自动生成两者融合后的设计意向概念图。

Step 4 重复以上步骤并不断调整，选择自己满意的效果图保存。

融合功能保留了较大的 AI 自主运算的空间，所以需要通过多次试验来找到相对满意的生成结果。可以从案例中汲取灵感，通过分析成功的风格融合案例来了解如何有效地融合不同风格的元素。

第 8 节

进阶技巧
——设计风格的相似与控制

在项目的概念设计阶段，精准控制设计风格是至关重要的，特别是当使用如 Midjourney 这类 AI 工具时。这不仅涉及视觉美感，还关乎如何通过技术手段实现设计师的创意构想。以下是对这一技巧的深入探讨。

1 **风格控制的重要性：** 在概念设计阶段，正确地捕捉和表达设计风格对于项目的成功至关重要。精准的风格控制有助于更好地传达设计理念、满足客户的期望，同时还能展现独特性和创新性。

2 **理解 Midjourney 的工作机制：** Midjourney 利用深度学习算法，根据输入的 Prompt 生成图像。了解 Midjourney 的基础工作原理有助于设计师更有效地利用这个工具实现对具体设计风格的控制。

3 **构建有效的提示词：** Prompt 是控制设计风格的关键。一个好的 Prompt 应该清晰、具体，并且充分反映所需的风格特征。添加风格元素（如“极简主义”“未来主义”等）、配色方案、材料类型，甚至感情色彩等在内的详细描述，都可以更精确地引导生成的图像风格。

4 **利用参考图像与样本：** 通过上传与所需风格相符的参考图像，可以帮助 AI 更好地理解和重现特定的设计风格。这种方法尤其适用于复杂或难以用文字描述的风格。

5 **技术参数的精细调整：** 除了文字类 Prompt，技术参数的调整也是控制风格的重要方式。比如调整图像的清晰度、对比度、色彩饱和度等，可以帮助精细控制图像的最终呈现效果。

6 **案例研究与实践：** 分析成功的案例，了解其他设计师是如何通过

Midjourney 实现特定风格的。实践是提高技能的最佳方式，只有不断尝试并优化 Prompt，才能找到最符合预期风格的表达方式。

7 **迭代与反馈：**设计是一个迭代的过程，特别是在使用 AI 工具时。每次生成的图像都应被视为一个起点，可以基于此进行调整和优化。收集客户或同事的反馈，理解生成结果的哪些方面已经符合预期，哪些方面还需要改进。

8 **持续学习与适应：**AI 工具和技术在不断进步，这就需要设计师持续学习以适应新的工具和技术，同时也需要设计师保持对最新技术和趋势的了解。

1. 相似功能 --iw

Step 1 上传参考图像生成 URL 链接，然后再发送给 AI 工具。

Step 2 补充 Prompt 并使用 --iw 参数。

因为这个功能保留了 AI 自主运算的空间，所以需要多次试验，找到相对比较满意的图。

① --iw，为默认比例，参考图占比 20%，文字占比 80%。

② --iw 1，参考图与描述词各占比 50%。

③ --iw 2，参考图占比 80%，文字占比 20%。

2. 种子 Seed

在 Midjourney 中，每次生成的图像都会有一个相关的 Seed 值，这个值决定了生成图像的随机性，可以用来重现相同的图像或作为创造变体的基础。获取图片的 Seed 值通常通过观察和记录 Midjourney 生成图像时提供的信息来完成，具体步骤如下。

Step 1 **生成图像：**首先，在 Midjourney 中生成图像。这通常通过在 Discord 中使用特定的命令完成，例如“/imagine”命令后接描述性 Prompt。

Step 2 **查看结果信息：**Midjourney 生成图像的同时通常会提供一些额外信息，其中就包括用于生成该图像的 Seed 值。这些信息可能以链接形式出现，或者直接在 Discord 中显示。

Step 3 **记录 Seed 值：**一旦找到 Seed 值，就可以记录下来以便未来参考。使用相同的 Seed 值和命令，就可以生成与原生成图非常接近的图像，或在此基础上微调以探索新的变体。

Step 4 **使用 Seed 值重现图像：**在生成图像的命令中指定之前记录的 Seed 值，可以重现相同的图像。这对于确保设计一致性或在多个项目中重用特定的视觉元素非常有用。

Step 5 **使用 Seed 值创建变体：**如果想在保持基本设计元素不变的情况下探索不同的细节或风格，可以使用相同的 Seed 值作为起点，然后调整其他参数（如风格、细节程度等）来生成图像的变体。

Midjourney 的界面和功能可能会随着时间的推移而更新，所以具体的操作步骤和界面布局可能会有所变化。因此，建议查看 Midjourney 的最新指南或社区讨论以获取最新信息和技巧。

Example 17 根据提供的意向参考图设计一个现代风格别墅建筑。

Step 1 上传需要融合风格的两张参考图像，获取相应 Seed 值。

参考图 1：现代简约徽派建筑

参考图 2：新中式建筑

Step 2 参考图片链接 + 提示词 +Seed 数值。

Prompt： https://s.mj.run/i8GnXjg1v78，modern building in the suburbs with white siding outside，in the style of Chinese cultural themes，organic geometries，haunting houses，minimalist ceramics，dotted，rural china，design/architecture study --ar 3：2 --Seed 153555105 --v 6.0

提示词： 郊区的现代建筑，外面有白色的墙板，具有中国文化主题的风格，有机的几何形状，令人难忘的房子，极简主义陶瓷，点缀，乡村中国，设计 / 建筑研究 --ar 3：2 --Seed 153555105 --v 6.0

Step 3 多次重复 Step 2，选择满意的图片保存。

第3章

Stable Diffusion 赋能空间设计 · 基础

第 1 节
关于 Stable Diffusion

1. Stable Diffusion 简介

Stable Diffusion（简称“SD”）是一种基于深度学习的文本到图像生成技术，它通过训练大量的图像和相关描述数据，学会了如何理解文本提示并将其转换成视觉内容。对于设计师来说，Stable Diffusion 不仅是一个创意工具，也是一个强大的辅助设计和可视化思维的平台。它本身是一个开源的文本到图像生成模型，不直接附带统一的图形化的操作界面。它主要通过命令行接口（Command Line Interface，CLI）运行，意味着用户需要通过输入特定的命令来生成图像。然而，社区和第三方开发者已经创建了多种基于 Stable Diffusion 的应用程序和在线服务，这些服务提供了更易于使用的图形界面，让初学者也能轻松上手。

2. 学习流程

Stable Diffusion 作为一种革命性的文本生成图像的 AI 工具，为设计师提供了前所未有的创作自由和灵活性。本章将详细介绍 Stable Diffusion 的基础使用方法，助力设计师掌握其核心功能并有效应用于实际设计项目中。以下是几个循序渐进的流程。

1 **Stable Diffusion 的核心功能：** Stable Diffusion 利用先进的深度学习技术，可以根据文本描述生成相应的高质量图像。它支持广泛的设计需求，可以从简单的物体描绘到复杂的场景构建。

2 **安装和初步设置：** 获取 Stable Diffusion 的第一步是下载并安装软件。这通常可以在其官方网站或通过专业的软件分发平台进行本地安装或者云端部署使用软件。初次安装后，用户需要进行一些基本配置，比如设置图像的默认生成参数，以适应不同的设计需求。

3 **创建第一张图像：** 使用者通过输入描述性的文本提示词（Text Prompts）来指导图像的生成，例如“一个装饰着悬挂植物的现代家庭办公室”。输入文本后，Stable Diffusion 会根据描述生成相应的图像。这个过程可能需要一些时间，取决于图像的复杂性和所需的质量水平。

4 **掌握基本操作技巧：** 理解 Prompt 的影响，学习如何通过精确和创造性的提示词来控制图像的内容和风格。还可以通过调整图像分辨率、色彩饱和度和对比度等参数，获得最理想的视觉效果。

5 **解决常见问题：** 学习一系列解决图像质量不佳、响应时间过长等问题的方案和技巧，包括硬件优化、软件设置调整，以及应对特定问题的策略。

6 **扩展应用：** 探索 Stable Diffusion 在不同设计领域的应用，如广告设计、产品视觉、界面设计等。分析如何将其与其他设计工具和技术结合使用，以应用于更复杂和创新的设计项目。

7 **持续学习与探索：** 持续学习和探索 Stable Diffusion 的新功能和应用，浏览相关的在线资源、社区论坛和教程，以便使用者不断提升自己的技能。

3. 常用功能

1 **文生图（Text-to-Image）：** 输入文本描述（Prompt），软件根据这个描述生成相应的图像。这是 Stable Diffusion 最核心的功能之一，允许用户通过简单的 Prompt 创造出复杂的视觉内容。

2 **图生图（Image-to-Image）：** 这个功能允许用户上传一张图像作为参考，软件将在保持原始图像某些特征的基础上，按照用户的额外 Prompt 进行修改或增强。这对于图像编辑和风格转换特别有用。

第 2 节

参数设置与调整

软件提供了诸如调整图像分辨率、锐化程度、颜色饱和度等选项，允许用户在生成图像时对这些参数进行微调，以达到期望的视觉效果。初学 Stable Diffusion 的空间类设计师通过文生图功能生成具有特定特征的图像的操作步骤及软件界面常用功能的参数介绍、设置与调整建议如下。

1. Stable Diffnsion 大模型（Model）

通常指的是经过大规模数据训练的深度学习模型，这种模型能够生成高质量、高分辨率的图像，即 Stable Diffusion 生成图像的底模。这个术语强调的是模型的规模和能力，包括它处理的数据量、模型参数的数量以及模型学习和推断能力的强度。在 Stable Diffusion 中，大模型通过分析大量的图像数据学习如何理解和再现各种视觉风格、对象、场景和纹理。这种学习过程允许模型在接收到特定的 Prompt 时，能够创造性地生成与所输入文字相匹配的新图像，同时保持高度的真实感和细节丰富度。

大模型的关键特点：

1. **大量的参数：** 大模型包含的参数数量远远超过普通的深度学习模型，可能达到数十亿甚至更多，这使得它们能够捕获和模拟极其复杂的数据模式。
2. **广泛的数据训练：** 这些模型通常使用大规模的图像和文本数据集进行训练，这些数据集覆盖了广泛的主题、风格和语境，从而使模型能够生成多样化的输出。
3. **高质量的生成能力：** 由于其复杂的内部结构和丰富的训练数据，大模型能够生成高质量、高分辨率的图像，这些图像在细节和真实性上与真实图像十分接近。

大模型的使用使得 Stable Diffusion 在图像生成领域表现出色，能够应用于各种创意和设计任务，包括建筑设计、室内设计、景观设计、艺术创作、内容创新、产品设计等。

2. 外挂 VAE 模型（SD VAE）

一般选择“自动匹配”（Antomatic）。

3. Clip 修上层数（Clip skip）

简称 Clip，默认为 2。

4. Prompt

Prompt 所做的工作是缩小大模型出图的解空间，即缩小生成内容时在大模型数据里的检索范围，而非直接指定作画结果。Prompt 的效果也受大模型的影响，有些大模型对自然语言做特化训练，有些大模型对单词标签对特化训练，那么对不同的 Prompt 语言风格的反应就不同。

1 内容

可以使用描述物体的句子作为 Prompt。大多数情况下英文有效，也可以使用中文。避免复杂的语法。单词标签可以使用半角逗号隔开的单词作为 Prompt。一般使用普通常见的单词。单词的风格要和图像的整体风格搭配，否则会出现混杂的风格或噪点。并且避免出现拼写错误。尽可能详细和具体，包括建筑风格、功能区域、主要材料和周围环境等。明确的描述有助于生成更符合期望的图像。如果对生成的图像风格有特定的需求，可以在描述中明确指定建筑风格，如“现代”“哥特”“未来派”等风格词汇。

2 语法

根据自己想画的内容写出 Prompt，多个 Prompt 之间使用半角逗号“,”，符合英文规范。

Prompt:（Masterpiece),（best quality），super detailed，a photo of a building，perspective，1 museum，futuristic style，8K，(sharp focus），rainy，cloudy，modern style

提示词:（杰作），（最好的质量），超级详细，一张建筑照片，透视，博物馆，未来风格，8K，（清晰的焦点），下雨，多云，现代风格

3 提示词与反向提示词

提示词（Prompt，要什么）: realistic（逼真的），ultra highres：1.3（超高分辨率，权重提高 1.3 倍），head portrait（头部肖像）。

反向提示词（Negative Prompt，不要什么）: worst quality（最差质量），low quality：1.4（低质量，权重提高 1.4 倍）。

4 顺序与权重

一般而言，概念性的、大范围的、风格化的关键词写在前面，叙述画面内容的关键词其次，最后是描述细节的关键词，大致顺序为画面质量提示词—画面主题内容—风格—相关艺术家—其他细节。不过在大模型中，每个词语本身自带的权重可能有所不同。如果大模型训练集中较多地出现某种提示词，我们在 Prompt 中只输入一个词就能极大地影响画面，反之如果大模型训练集中较少地出现某种提示词，我们在 Prompt 中可能输入很多个相关词汇都对画面的影响效果有限。Prompt 的顺序很重要，越靠后的权重越低。可以使用括号人工修改提示词的权重，方法如下。

①**英文圆括号（word）：**将权重提高 1.1 倍，每增加一层将权重提高 1.1 倍，如（（word））即将权重提高（1.1 × 1.1）=1.21 倍。如果是英文圆括号（word：1.5），即将权重提高 1.5 倍；如果是英文圆括号（word：0.25），即将权重减少为原先的 25%。

②**英文方括号“[word]”：**将权重降低至原先的 0.8 倍。

③**英文大括号“{word}”：**每套一层权重增加 1.05 倍（Word 代表某一 Prompt）。

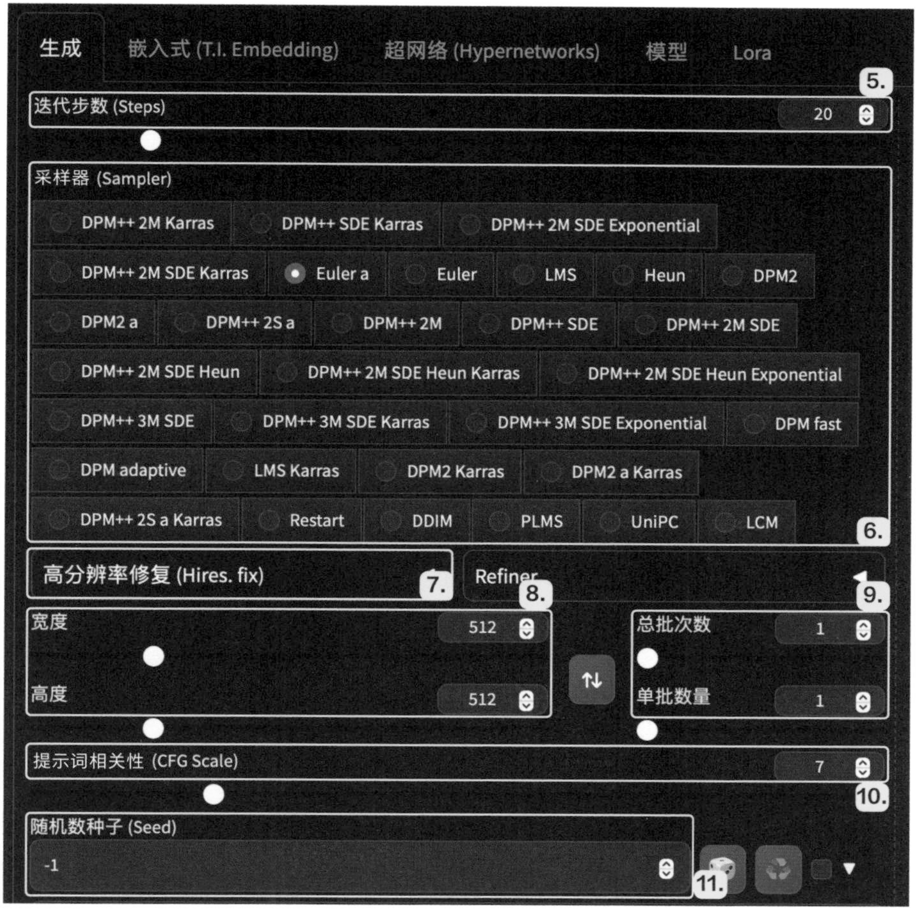

5. 迭代步数（Steps）

较多的迭代次数可以提高图像的清晰度和细节，但也会增加生成时间。可以从默认设置开始，逐步调整以找到最佳平衡点。对于空间设计领域出图来说，采样迭代步数一般选择 20～30（经验值测试，这个步数之间效果最好）。

6. 采样器（Sampler）

Stable Diffusion 采样器是一种算法，用于指导 AI 将随机噪声转换为连贯的图像。可以将其比喻为一位画家从一张空白的画布开始，逐渐添加不同层次的颜料来创造出一幅画。这个过程涉及在生成图像的过程中，通过特定的算法步骤，逐步从噪声中去除不需要的部分，最终生成清晰、连贯的图像。在 Stable Diffusion 中，不同的采样器具有不同的特性和应用场景，其主要区别体现在图像生成的速度、细节处理以及对特定类型图像的适应性。

不同采样器之间的主要区别

1. **速度与质量的平衡：**一些采样器（如 DDIM 和 Heun）更快，但可能在细节处理上不如 Euler 等采样器细腻。
2. **对噪声的处理：**不同的采样器对于初始噪声的处理方式不同，影响图像的清晰度和噪声水平。
3. **适用场景：**特定采样器可能更适合某些类型的图像生成，例如某些采样器可能在生成人像或风景时表现得更好。
4. **可控制度：**不同采样器提供的参数调整范围不同，也就是说允许用户在生成过程中的控制程度不同。

选择哪种采样方法取决于设计师的具体需求，包括生成速度、图像质量以及特定项目的要求。空间设计领域的设计师初学 Stable Diffusion 建议选择“Euler a”采样方法，因为从速度以及质量角度来衡量效果最佳。

几款常用采样器

1. **Euler：**在保持图像质量的同时速度最快。
2. **Euler a（Eular ancestral）：**可以以较少的步数产生很大的多样性，

不同步数可以生产出不同的图片。但是更高的步数（>30）不会有更好的效果（建筑行业推荐使用）。

3 **DDIM：** 收敛快，但效率相对较低，因为需要很多 steps 才能获得好的结果，适合在重绘时候使用。

4 **LMS：** Euler 的衍生，它们使用一种相关但稍有不同的方法（平均过去的几个步骤以提高准确性）。大概 30steps 可以得到稳定结果。

5 **PLMS：** Euler 的衍生，可以更好地处理神经网络结构中的奇异性。

6 **DPM2：** 一种神奇的方法，它旨在改进 DDIM，减少步骤以获得良好的结果。它需要每一步运行两次去噪，它的速度大约是 DDIM 的两倍，生图效果也非常好。但是如果进行调试提示词的试验，这个采样器可能会有点慢。DPM 相关的采样器通常具有不错的效果，但耗时也会相应增加。

7 **UniPC：** 效果较好且速度非常快，对平面、卡通的表现较好，推荐使用。不同采样步数与采样器之间的关系如下页图片。

7. 高分辨率修复

通过勾选“Hires. fix”来启用。默认情况下，文生图在高分辨率下会生成非常混沌的图像。如果使用高清修复，首先会按照指定的尺寸生成一张图片，然后通过放大算法将图片分辨率扩大，以实现高清大图效果。最终尺寸为“原分辨率 × 放大倍数”。

1 **潜在（Latent）：** 在许多情况下效果不错，但重绘幅度小于 0.5 后就不甚理想。ESRGAN_4x、SwinR 4x 对 0.5 以下的重绘幅度有较好支持。

2 **高分迭代步数（Hires step）：** 表示在进行这一步时计算的步数。

3 **重绘幅度（Denoising strength）：** 字面翻译是降噪强度，表现为最后生成图片对原始输入图像内容的变化程度。该值越高，放大后图像与放大前图像差别就越大。低 Denoising 意味着修正原图，高 Denoising 和原图没有较大相关性。一般来讲阈值是 0.7 左右，超过 0.7 和原图基本上无关，0.3 以下为稍微改动。实际执行中，具体的执行步骤为 Denoising strength×Steps。

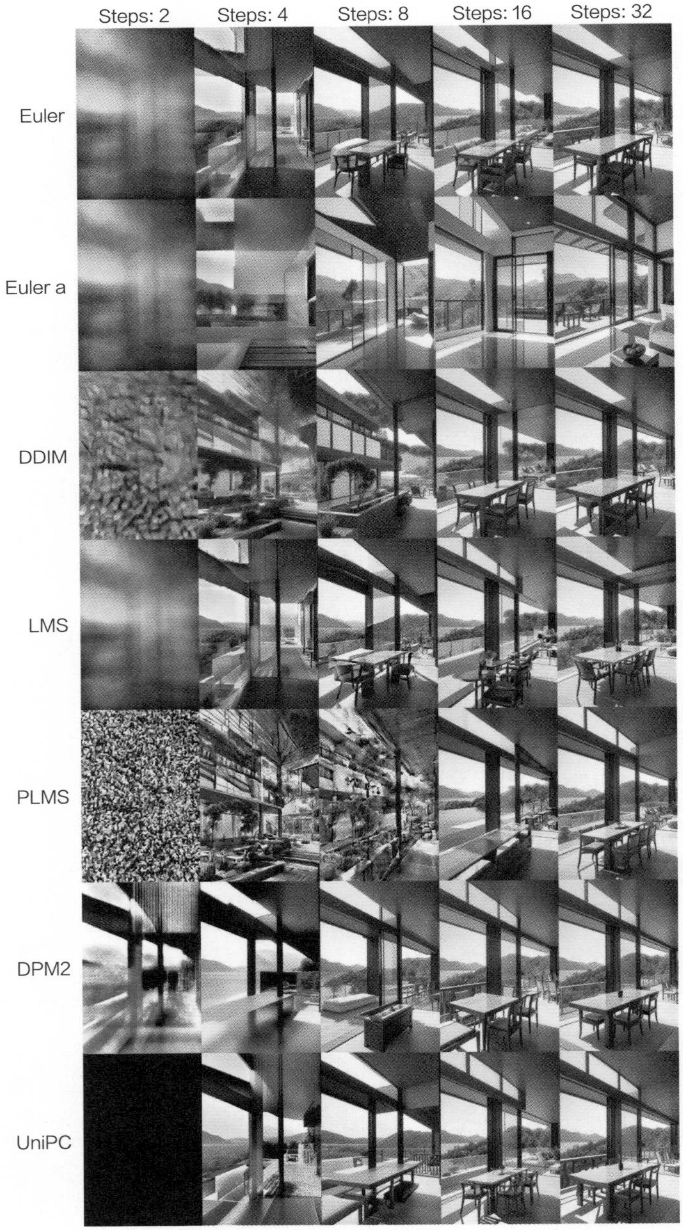
Steps: 2
Steps: 4
Steps: 8
Steps: 16
Steps: 32
Euler
Euler a
DDIM
LMS
PLMS
DPM2
UniPC

8. 尺寸

指定图像的长宽。出图尺寸太宽时，图像中可能会出现多个主体。1024之上的尺寸可能会出现不理想的结果，推荐使用小尺寸分辨率和高清修复（Hires. fix）。建筑、室内、景观设计效果图通常需要较多的细节，推荐设置较高的分辨率，如 1024×1024，以保证细节质量。但需注意，分辨率越高，生成所需时间越长。

9. 生成批次

每次生成图像的组数。一次运行生成图像的数量为“总批次数 × 单批数量”。增加这个值可以提高性能，但也需要更多的显存。若没有超过 12G 的显存，请保持为 1。

10. 提示词相关性（CFG Scale）

图像与 Prompt 的匹配程度。增加这个值将使图像更符合 Prompt，但一定程度上降低了图像质量，这可以用更多的迭代步数来抵消。过高的 CFG Scale 体现为粗犷的线条和过于锐化的图像，这个值一般采用 7～11。CFG Scale 与采样器之间的关系如下页图片。

11. 随机种子（Seed）

设置特定的种子值可以复现先前生成的图像。种子值确保了生成过程的可重复性，允许在需要时重新生成相同的图像。如果生成的图像非常接近理想，但需要微调，可以通过调整随机种子来获得略有不同的结果，而不改变其他参数。

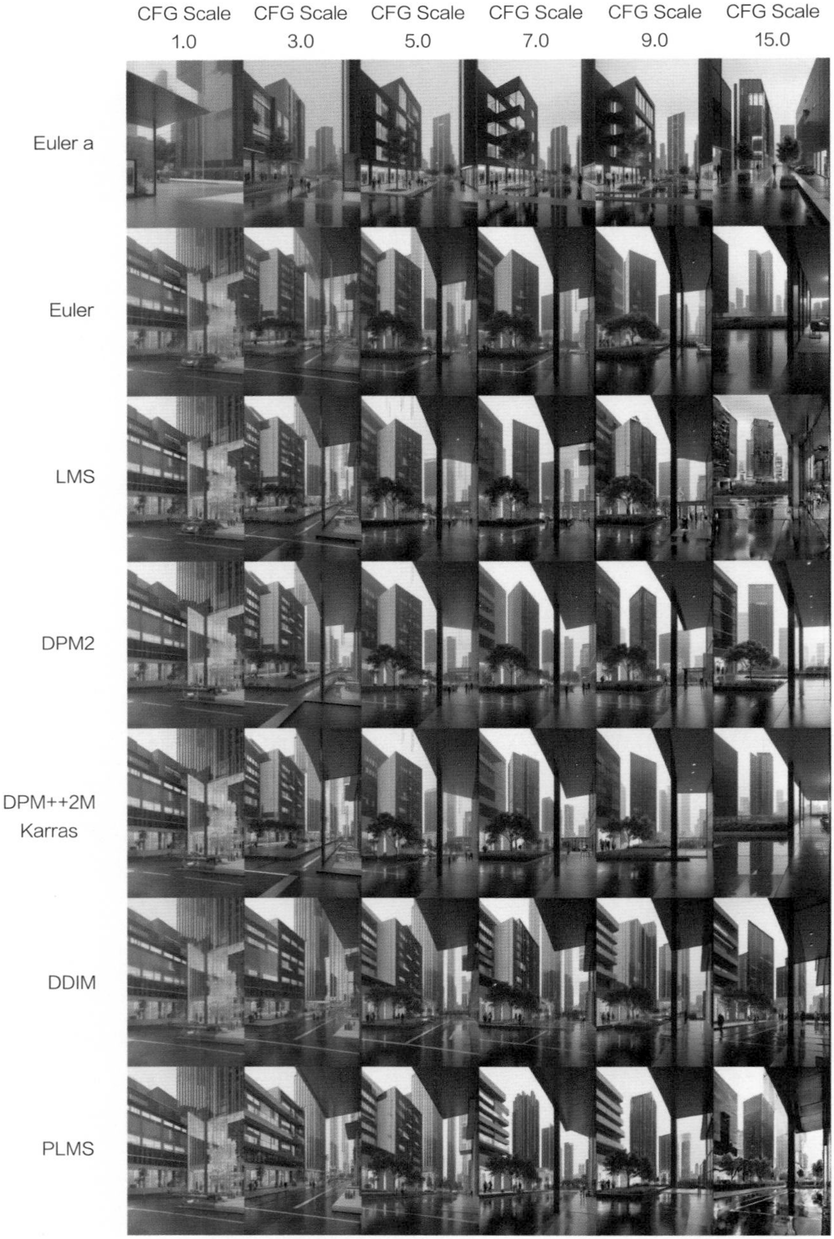
CFG Scale 1.0
CFG Scale 3.0
CFG Scale 5.0
CFG Scale 7.0
CFG Scale 9.0
CFG Scale 15.0
Euler a
Euler
LMS
DPM2
DPM++2M Karras
DDIM
PLMS

Example 1 商业建筑设计效果图

Step 1 选择需要的建筑大模型。

Model: RealisticUrbaan_v7.fp16
SD VAE: Automatic
Clip skip: 2

Step 2 输入 Prompt。

Prompt: Creative and futuristic building with curved lines,(avant-garde design: 1.2) ,(sunset: 1.2) , warm tones, human perspective, 8K, masterpiece，best quality
Negative Prompt: lowres，bad anatomy，bad hands，text，error，missing fingers，extra digit，fewer digits，cropped，worst quality，low quality，normal quality，jpeg artifacts，signature，watermark，username，blurry
提示词: 富有创意和未来感的曲线建筑,（前卫设计：1.2），（日落：1.2），暖色调，人视角度，8K，杰作，最佳质量
反向提示词: 低分辨率，解剖结构不好，手不好，文本，错误，手指缺失，多余的数字，更少的数字，裁剪，最差质量，低质量，正常质量，jpeg 伪影，签名，水印，用户名，模糊

Step 3 设置对应模型的参数。

Steps: 30
Sampler: DPM++ 2M Karras
Size: 768 x 1000
CFG Scale: 7
Seed: 2687029438

Step 4 点击“生成”，选择满意的图片保存。

Example 2　室内设计效果图

Step 1 选择需要的室内大模型。

Model： 20240108-1704705947653-0010
SD VAE： Automatic
Clip skip： 2

Step 2 输入 Prompt。

Prompt： Living room，TV，no humans，window，table，book，interior design，living room，masterpiece，best quality，unreal engine 5 rendering，movie light，movie lens，movie special effects，detailed details，HDR，UHD，8K，indoor，living room，TV cabinet

Negative Prompt： blurry，low quality，bad anatomy，sketches，lowres，normal quality，worst quality，signature，watermark，cropped，bad proportions，out of focus，(worst quality，low quality：1.4)，monochrome，zombie，(interlocked fingers)，(worst quality，low quality ：2)，monochrome，JPEG artifacts，signature，watermark，username

提示词：客厅，电视，没有人，窗户，桌子，书，室内设计，客厅，杰作，最佳质量，虚幻引擎 5 渲染，电影灯，电影镜头，电影特效，细节，HDR，超高清，8K，室内，客厅，电视柜
反向提示词：模糊，低质量，解剖结构不好，草图，低分辨率，一般质量，最差质量，签名，水印，裁剪，比例不好，对焦不正，（最差质量，低质量：1.4），单色，僵尸，（手指互锁），（最坏质量，低质量：2），单色，JPEG 伪影，签名，水印，用户名

Step 3 设置对应模型的参数。

Steps： 20
Sampler： Euler a
Size： 1536 x 1024
CFG Scale： 7
Seed： 1666651764

Step 4 点击“生成”，选择满意的图片保存。

Example 3 生成景观设计效果图

Step 1 选择需要的景观大模型。

Model： _Landscape_Jam
SD VAE： Automatic
Clip skip： 2

Step 2 输入 Prompt。

Prompt： masterpiece，best quality，outdoor landscape，long-lasting flower border，view pavilions，residential district，sky，daytime
Negative Prompt： lowres，bad anatomy，bad hands，text，error，missing fingers，extra digit，fewer digits，cropped，worst quality，low quality，normal quality，JPEG artifacts，signature，watermark，username，blurry，bright lantern，brightness
提示词： 杰作，最好质量，户外景观，持久的花境，观景亭，住宅区，天空，白天
反向提示词： 分辨率低，解剖结构不好，不好的手，文本，错误，手指缺失，多余的数字，较少的数字，裁剪，最差质量，低质量，一般质量，JPEG 伪影，签名，水印，用户名，模糊，明亮的灯笼，亮度

Step 3 设置对应模型的参数。

Steps： 20
Sampler： Euler a
Size： 1024×1536
CFG Scale： 7
Seed： 3434435392

Step 4 点击“生成”，选择满意的图片保存。

通过深入了解 Stable Diffusion 的基础使用方法，设计师可以充分利用这一强大工具，为其设计项目带来更多的创新和灵活性。

第 3 节

基础技巧——文生图

接下来的内容聚焦于 Stable Diffusion 的其中一种基础使用方法，具体来说是如何通过文本描述生成图像，即“文生图”功能。这一节内容将深入探讨如何有效利用 Stable Diffusion 来实现设计师的创意愿景。具体注意事项如下。

1. 了解 Stable Diffusion 的界面与基本操作

Stable Diffusion 的界面设计直观，方便用户快速上手。用户需要熟悉各个功能区域，包括模型选择区、文本输入区、参数设置区等。

2. 选择适合的大模型

模型的选择对生成结果的风格有重要影响，不同的模型适合不同类型的图像生成。使用者应根据设计需求选择最合适的模型，以确保最终图像的风格与预期相符。

3. 精确的 Prompt 编写

Prompt 的准确与否直接影响到生成图像的质量和相关性。使用者需要学会如何编写有效的提示词，包括正面描述和反向描述，以指导 AI 更精确地生成所需图像。

4. 设置采样器和参数

采样器的选择会影响图像的多样性和质量。用户可以根据需求调整采样次数、图像尺寸等参数，以获得最佳的图像效果。

5. 理解提示词相关性和采样器的关系

提示词相关性是一个重要的参数，它决定了图像与提示词的匹配程度。采样器的选择也会影响图像的生成质量和风格。不同的采样器适合不同类型的图像生成。

6. 实践操作与案例分析

通过具体的操作演示，用户可以更好地理解如何使用 Stable Diffusion。分析成功案例，帮助用户学习如何有效运用这个工具。

7. 常见问题的解决方案

在使用过程中可能遇到的问题，如图像质量不佳、生成速度慢等。提供解决这些问题的方法和建议，帮助用户更顺利地使用 Stable Diffusion。

8. 扩展应用与创新实践

探索 Stable Diffusion 在不同设计领域的应用，如建筑设计、产品设计、视觉艺术等。鼓励用户创新实践，尝试将 Stable Diffusion 与其他设计工具和技术结合使用。

Example 4 一句话生成博物馆建筑设计

Step 1 选择需要的建筑大模型。

Model： 别墅建筑大模型 \ architecture Exterior_ v40 Exterior. sa Petensors [03b2dz3370]
SD VAE： Automatic
Clip skip： 1

Step 2 输入 Prompt。

Prompt：(masterpiece),(best quality), super detailed, a photo of a building, perspective, 1 museum, futuristic style, 8K, (sharp focus), rainy, cloudy, modern style
Negative Prompt： low quality, error, cropped, watermark
提示词：(杰作),(最好的质量), 超级详细, 一张建筑照片, 透视, 博物馆, 未来风格, 8K,(清晰的焦点), 下雨, 多云, 现代风格
反向提示词： 低质量, 错误, 裁剪, 水印

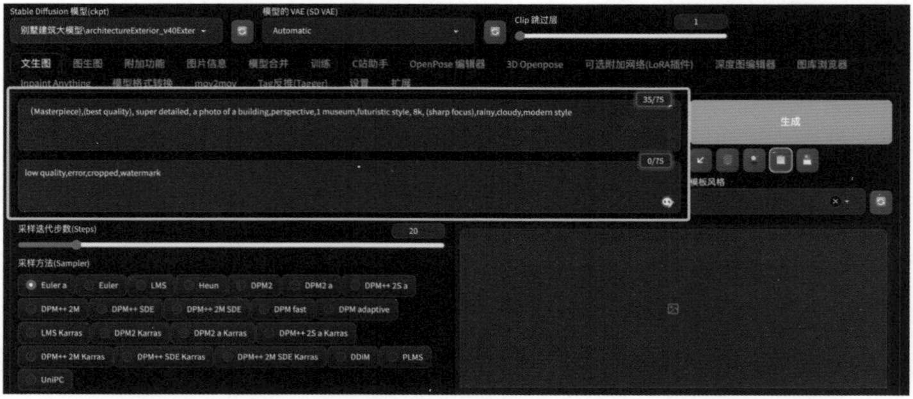

Step 3 设置对应模型的参数。

Steps： 20
Sampler： Enler a
Size： 768 × 512
单批数量： 4
CFG Scale： 7

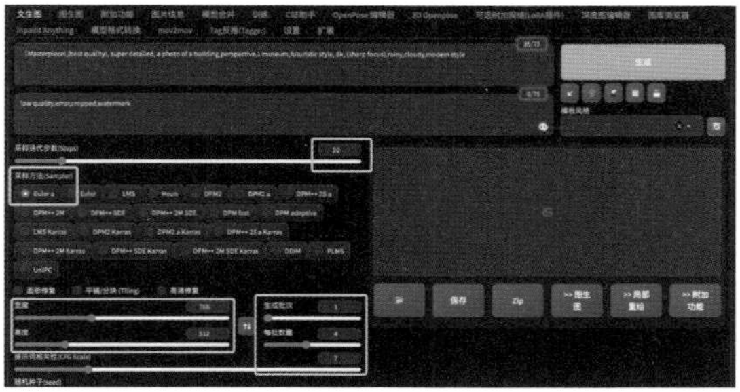

Step 4 点击“生成”，选择满意的图片保存。

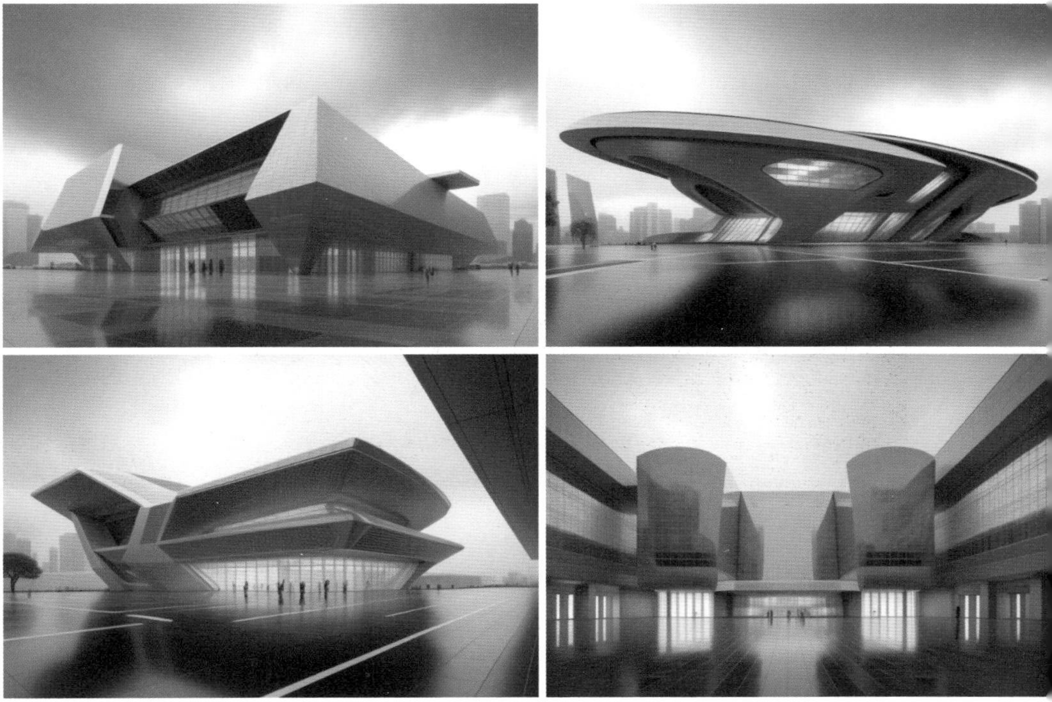

Example 5 一句话生成室内设计方案

Step 1 选择需要的室内大模型。

Model： 室内大模型. safetensors [fce1c6ze19]
SD VAE： Automatic
Clip skip： 1

Step 2 输入 Prompt。

Prompt： Industrial style，(night)，(darkness)，best quality，masterpiece，8K，HDR，intricate details，ultra detailed，8K，masterpiece，best quality，indoors，bed，window，chair，table，door，indoors，no humans，couch，plant ，curtains，potted plant，book
Negative Prompt： paintings，sketches，(worst quality：2)，(low quality：2)，(normal quality：2)，lowres，normal quality
提示词： 工业风格，(夜间)，(黑暗)，最好的质量，杰作，8K，HDR，复杂的细节，超详细，8K，杰作，最好的质量，室内，床，窗户，椅子，桌子，门，室内，没有人，沙发，植物，窗帘，盆栽，书
反向提示词： 绘画，素描，(最差质量：2)，(低质量：2)，(一般质量：2)，低分辨率，一般质量

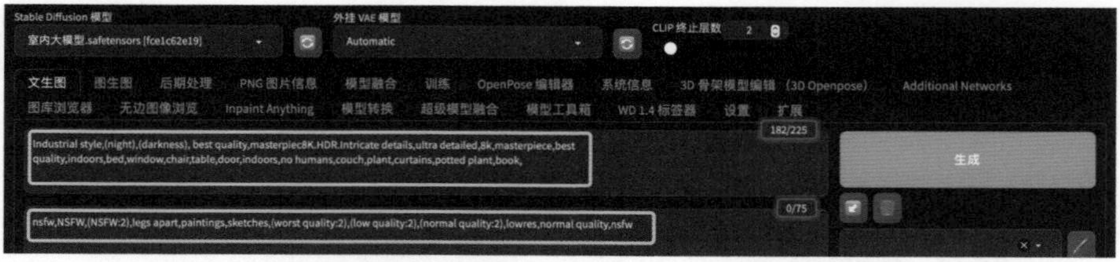

Step 3 设置对应模型的参数。

Steps： 20

Sampler： Euler a

Size： 768 × 512

单批数量： 4

CFG Scale： 7

Step 4 点击“生成”，选择满意的图片进行保存。

Example 6 一句话生成景观设计方案

Step 1 选择需要的大模型。

Model: 景观大模型. Safetensors [0bbe3f1aa3]

SD VAE: Automatic

Clip skip: 2

Step 2 输入 Prompt。

Prompt: a large circular garden with a walkway and a walkway leading to a bridge over water and a walkway leading to a walkway, tree, scenery, no humans, building, city, bush, tree, scenery, mist, early morning, shadow, big backlight, waterscape

Negative Prompt: paintings, sketches, (worst quality: 2), (low quality: 2)

提示词: 一个大的圆形花园，有一条走道和一条通往水上桥梁的走道，还有一条通往走道的走道，树，风景，无人，建筑，城市，灌木，树，景色，薄雾，清晨，阴影，大背光，水景

反向提示词: 绘画，草图，(最差质量：2)，(低质量：2)

Step 3 设置对应模型的参数。

Steps： 20
Sampler： Euler a
Size： 768 × 512
单批数量： 4
CFG Scale： 7

Step 4 点击“生成”，选择满意的图片保存。

第 4 节

基础技巧——图生图

Stable Diffusion 的“图生图”功能是一项基于深度学习的图像生成技术，它能够根据用户提供的参考图片自动创建出高质量的图像。这项技术背后的原理是使用大量图像和对应描述训练的深度神经网络模型，使得模型学会理解文本描述与图像之间的复杂关系。

1. 图生图界面介绍

Stable Diffusion“图生图”功能包括 3 种特别的应用：涂鸦、局部重绘、和扩展重绘。这些功能为用户提供了更多的创意自由度和图像编辑的灵活性。

1 **涂鸦（Doodle）：**通常指的是用户能够在图像上进行自由绘制或添加元素，然后让 AI 根据这些绘制的线条或形状生成相应的图像内容。这一过程涉及图像到图像的转换，将用户的绘制作为输入的一部分，让 AI 根据这些提示进行创作。

2 **局部重绘（Inpainting）:** 是一种允许用户指定图像中的特定区域进行编辑或重新生成的功能。用户通过创建一个遮罩来指定需要编辑的区域，然后输入一个 Prompt。AI 根据这个描述重绘被遮罩的区域。这个功能特别适合修复图像中的缺陷，更改图像的特定部分，或在现有图像中添加新元素。

3 **扩展重绘（Outpainting）:** 扩展了图像的边界，使图像的画面变得更加广阔。用户指定要扩展的方向和范围，AI 则在这个新的空白区域上根据原图的风格和内容生成新的图像内容。这个功能特别适合于需要增加画面内容，或者改变图像构图的场景。通过 Outpainting，用户可以将一个局部的画面扩展成一个全新的故事场景。

2. 图生图常用技巧

对于已经初步掌握了 Stable Diffusion 基础操作的设计师来说，掌握一些进阶技巧可以进一步拓展其创作的边界和深度，以下是通往“图生图”高手之路的常用技巧。

1 细致的文本提示（Prompt Engineering）

技巧: 通过更精细地构建 Prompt（即 Prompt Engineering），控制生成图像的具体细节和风格。这包括使用特定的艺术家名字、艺术流派、具体的年代、情绪表达等。

示例: 不仅仅是“一只快乐的小狗”，尝试“一只被阳光照耀，眼睛闪闪发光的快乐小狗，在 20 世纪 50 年代的美国乡村”。

2 利用反向提示词（Negative Prompts）

技巧: 指定不希望出现在图像中的元素或特征，这有助于进一步细化生成的结果，尤其是在避免不想要的重复元素时非常有效。

示例: 在提示中加入“没有人群”，可以避免在生成的场景中出现人物。

3 Prompt 控制图像的组成和布局

技巧： 通过高级 Prompt 技巧，控制图像的组成和布局，如指定对象的位置、大小和与其他对象的相对关系。

示例： 使用“在画面左侧的大树下，一个穿红衣服的小孩在追逐一只蝴蝶”来指示场景布局。

4 图生图（图像到图像，Img2Img）

技巧： 利用“图生图”的技术，即以现有图像为基础，通过 Prompt 对其进行修改或增强。这可以用于改变图像的风格、添加新元素或调整图像情境。

示例： 将一张简单的山脉照片转变成冬天的场景，或者将日间的风景转换为夜晚的版本。

5 使用特定的大模型（Model）

技巧： 试验不同的大模型权重和版本来探索各种风格和效果。社区中不断有新的大模型变体和优化版本被开发，这些可以带来不同的视觉特性和创作灵感。

示例： 尝试使用专门为生成特定类型的作品（如动漫风格）而优化的模型。

6 步数（Steps）控制细节

技巧： 深入理解并调整高级参数，细调步数（Steps）来影响细节的生成过程。

示例： 增加 Steps 以生成更加细腻的细节。

7 随机种子值（Seed）探索与复现

技巧： 通过指定和变更随机种子值（Seed），探索和复现特定的视觉输出。种子值可以作为实验的起点，帮助找到意想不到的创意火花。

示例： 记录下生成特定心仪图像的 Seed，以便将来复现或基于此进行进一步的创作。

8 社区资源和自定义大模型

技巧： 积极参与社区，获取最新的资源、工具和自定义大模型。社区成员经常分享他们的发现和创造，这是获取灵感和新技术的宝贵资源。

示例： 使用社区开发的脚本和工具来自动化图像生成流程，或尝试社区成员训练的特定主题大模型。

3. 图生图使用步骤

Step 1 在对话框中输入参考图片。

Step 2 设置参数： 根据需要调整图像的参数设置，包括图像的分辨率、生成次数、样式等。分辨率决定了图像的大小和细节程度，生成次数可以让你从多个结果中选择最满意的一个。也可以通过高级设置调整更多参数，如大模型版本（影响生成风格）和迭代次数（控制细节深度）。

Step 3 输入 Prompt： 正向提示词是根据出图的需要，将目标图像的场景、风格要求、图片质量等细节描述清楚，直接输入对话框即可。反向提示词是把目标图像不希望出现的情况输入对应对话框，比如希望图像不是模糊、水印、草稿、灰色，不需要人物等效果进行描述，输入对话框即可。

Step 4 开始生成图像： 完成 Prompt 输入和参数设置后，点击“生成”按钮开始图像生成过程。系统将根据描述和参数设置，使用 AI 算法生成图像。

Step 5 保存或调整： 找到满意的图像，就可以保存到本地。如果想要进一步调整，可以基于当前结果继续修改 Prompt 或参数，再次生成。

Example 7 建筑设计图生图

Step 1 在图生图对话框中输入参考图像。

Step 2 输入 Prompt。

Prompt： Villa architectural design，modern style，white theme

Negative Prompt： paintings，sketches，worst quality，low quality，lowres

提示词： 别墅建筑设计，现代风格，白色主题

反向提示词： 绘画，素描，最差质量，低质量，低分辨率

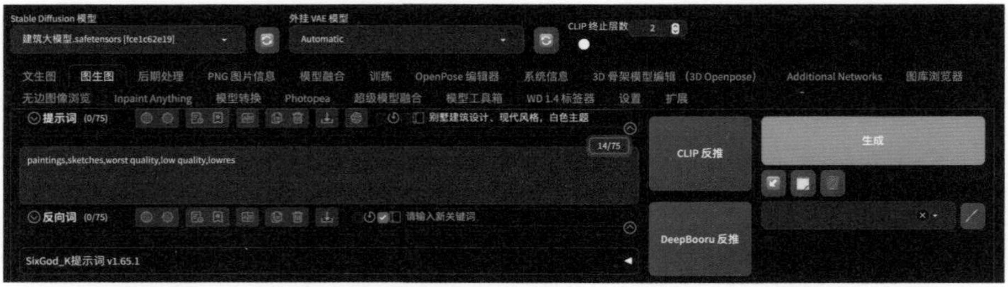

Step 3 设置对应模型的参数。

Steps： 20

Sampler： Elur a

Size： 1024 × 680

单批数量： 2

CFG Scale： 7

Denoising strength： 0.75

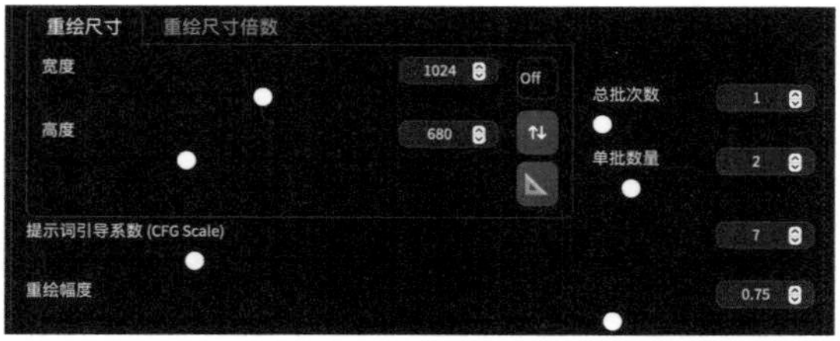

Step 4 点击“生成”，选择满意的图片保存或调整。如果想要进一步调整，可以基于当前结果继续修改提示词或参数，再次生成。

Step 5 使用局部重绘功能，将选中的图片发送到图生图功能界面。

例如把照片中现有的白色墙面修改成实木材质。在局部重绘界面中选中画笔，在想要修改的区域绘制涂鸦。

Step 6 在提示词框中写入“木质建筑，实木材质，原木色”（landscape ornaments, water features, pools, water），点击“生成”。

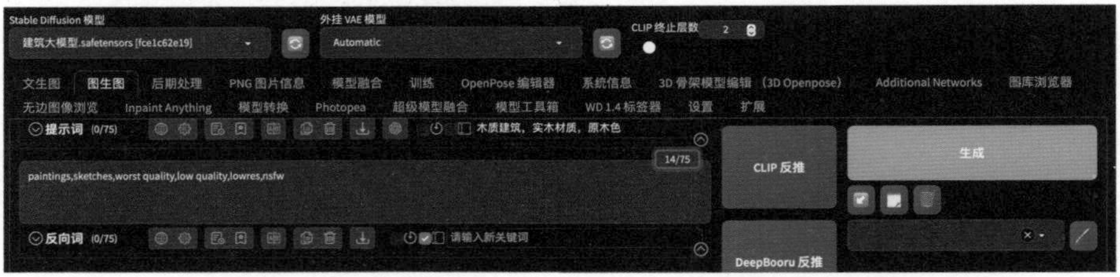

Step 7 选择满意的图像进行保存，不满意可重复以上操作继续调整。

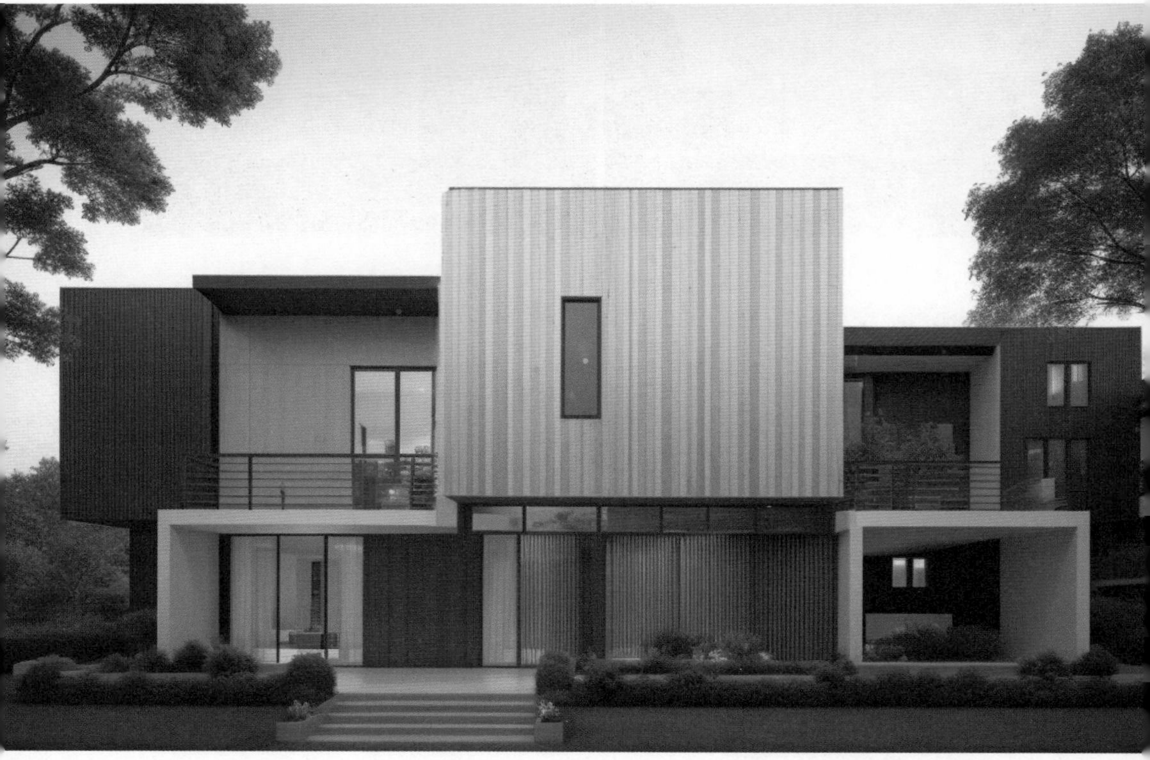

Example 8 室内设计图生图

Step 1 在图生图对话框中输入参考图像。

Step 2 输入 Prompt。

Prompt： Living room design，green style，green

Negative Prompt： paintings，sketches，worst quality，low quality，lowres

提示词： 客厅设计，绿色风格，绿色

反向提示词： 绘画，素描，最差质量，低质量，低分辨率

Step 3 根据需要调整模型的参数设置。

Steps： 20
Sampler： Elur a
Size： 1024 × 680
单批数量： 2
CFG Scale： 7
Denoising strength： 0.75

Step 4 点击“生成”，选择满意的图片保存或调整。如果想要进一步调整，可以基于当前结果继续修改提示词或参数，再次生成。

Step 5 使用局部重绘功能将选中的图片发送到图生图功能界面。

例如把照片中现有的茶几换一个造型。在涂鸦界面中选中画笔，在想要修改的区域绘涂上色块。

Step 6 在提示词框中写入“茶几，现代简约风格”（tea table, modern minimalist style），点击“生成”。

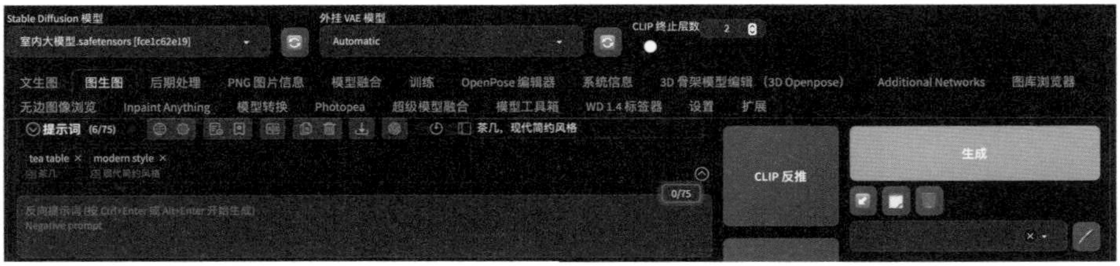

Step 7 可以发现效果图中只有局部涂鸦的地方发生了改变。选择满意的图像进行保存，不满意可重复以上操作继续调整。

Example 9 景观设计图生图

Step 1 在图生图对话框中输入参考图片。

Step 2 输入 Prompt。

Prompt： Courtyard landscape，modern minimalist style，white theme，white
Negative Prompt： paintings，sketches，worst quality，low quality，lowres
提示词： 庭院景观、现代简约风格、白色主题，白色
反向提示词： 绘画，素描，最差质量，低质量，低分辨率

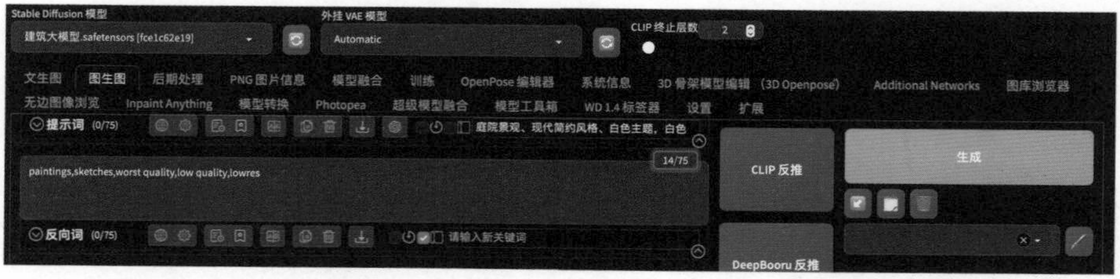

Step 3 设置对应模型的参数。

Steps： 20

Sampler： Elur a

Size： 1024 × 680

单批数量： 2

CFG Scale： 7

Denoising strength： 0.75

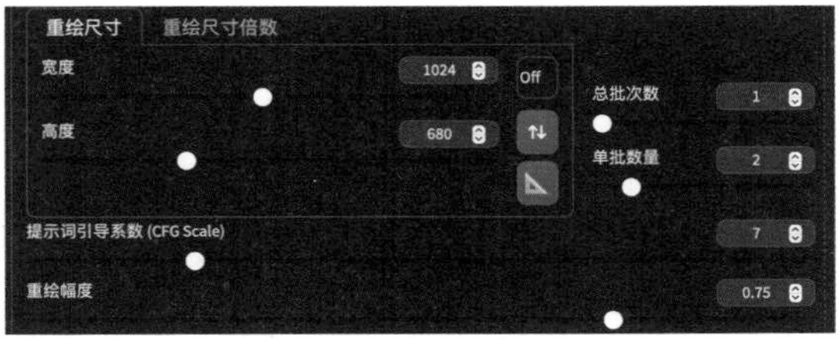

Step 4 点击“生成”，选择满意的图片保存或调整。如果想要进一步调整，可以基于当前结果继续修改提示词或参数，再次生成。

Step 5 使用局部重绘功能，将选中的图片发送到图生图功能界面。

例如把白色的区域修改成水景。在局部重绘界面中选中画笔，在想要修改的区域绘制涂鸦。

Step 6 在提示词框中写入“景观小品，水景，水池，水”（landscape ornaments, water features, pools, water），点击“生成”。

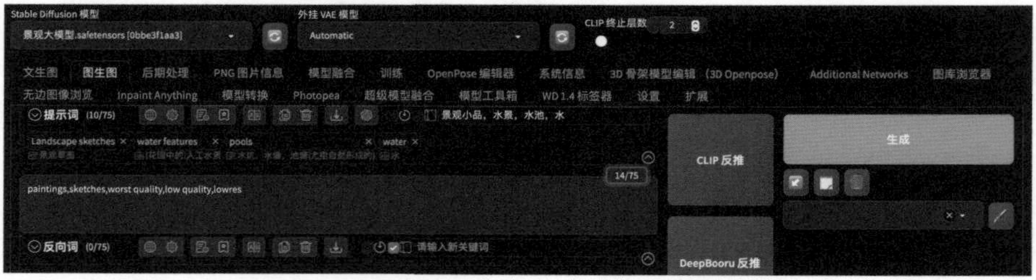

Step 7 选满意的图像进行保存，不满意可重复以上操作继续调整。

通过这些案例演示，可以直观感受到 Stable Diffusion 的“图生图”功能是提高出图、改图效率的强大工具，并且它非常富有创造性，每次试验都可能带来意想不到的美妙图像，为设计和创意工作提供无限灵感。

第 4 章

Stable Diffusion 赋能空间设计 · 进阶

第 1 节

学习多种大模型的应用

在这一节中，我们将深入探讨如何利用 Stable Diffusion 工具的进阶技巧，特别是在使用多种设计风格大模型时的应用策略。这一技巧特别适用于建筑模型，可以帮助设计师创造出多样且具有深度的设计作品。

1. 大模型应用技巧

1 **多风格大模型的特点与优势：**多风格大模型允许设计师在一个项目中融合多种设计风格，创造出独特而富有创造性的视觉效果，这些模型通常包含更多的数据和细节，能够生成更加精确和细致的图像。

2 **选择合适的大模型：**根据设计项目的需求选择合适的大模型。例如，如果项目需要结合现代和传统建筑元素，应选择能够支持这两种风格的大模型。理解不同大模型的特性和限制，以确保所选大模型能够满足设计需求。

3 **融合不同风格的技巧：**学习如何在一个项目中有效地融合多种设计风格，这包括理解各种风格的核心元素和如何将它们和谐地结合在一起。通过实际案例分析，探索成功的风格融合案例，并了解其背后的设计思路和方法。

4 **精确控制生成结果：**使用高级提示词（Prompt）和参数设置，以精确控制大模型生成的图像。通过调整图像生成的分辨率、色彩平衡和细节级别等参数，来优化最终结果。

5 **实战应用与案例研究：**提供具体的设计案例，展示如何在实际项目中应用这些进阶技巧。分析案例中的设计决策，以及它们如何影响最终的设计结果。

6 **解决常见问题与挑战：**在使用大模型过程中可能遇到的挑战，如处理复杂的风格融合或优化长时间的渲染过程。分享解决方案和建议，帮助其他设计师克服这些挑战。

7 **持续学习与创新实践：**鼓励设计师不断学习和实践，以充分利用大模型的潜力。探索将大模型与其他设计工具和技术结合使用的可能性，以实现更加创新和复杂的设计项目。

8 **获取模型方式**

①官方资源和社区贡献：查看 Stable Diffusion 或相关项目的官方网站和社区页面。许多项目会公布官方预训练的 Checkpoint 模型供下载使用，这些模型通常经过大量数据训练，具有较好的通用性和稳定性。

②专业数据集与竞赛平台：经常会有研究者和开发者分享他们训练的特定任务模型，包括 Stable Diffusion 的 Checkpoint 模型。这些模型可能针对特定的领域或任务进行了优化。

③学术论文附录：许多在顶级会议或期刊发表的深度学习研究，会在论文附录中提供模型的下载链接，这是获取最新研究成果的模型的好方法。

④各类电商平台购买。

2．4 款常见模型介绍

在 Stable Diffusion 这类深度学习框架中，有几个关键概念是初学者需要理解的，包括 Checkpoint 模型、LoRA 模型、VAE 模型，以及 Embedding 模型。这些概念对于掌握 Stable Diffusion 的使用和理解其工作原理至关重要。

1 Checkpoint 模型

定义：Checkpoint 模型是在大模型训练过程中的某一时刻，对大模型参数和状态的保存快照。这允许训练过程可以在此状态恢复，而不是从头开始。

用途：主要用于防止训练中断时的数据丢失，同时也方便在不同训练阶段进行模型性能的评估和比较。

2 LoRA 模型

定义：LoRA（Localized Random Affine，局部随机仿射）是一种模型参

数化技术，它通过在预训练模型的基础上引入额外的局部化和随机化参数，来提高模型在特定任务上的适应性和表现。

用途： 主要用于在不大幅增加计算成本的情况下，调整和优化预训练模型，使其更好地适应新的数据或任务。

3 VAE 模型

定义： VAE（Variational Autoencoder）是一种生成模型，通过编码器将数据映射到一个潜在空间，再通过解码器重构数据，其间通过概率分布进行采样，以生成新的数据点。

用途： 在 Stable Diffusion 中，VAE 用于理解和生成与输入文本描述相匹配的图像，是实现文本到图像生成的关键技术之一。

4 Embedding 模型

定义： Embedding 模型用于将大规模离散输入（如文本的单词）转换为连续向量，这些向量捕获了输入数据的语义特征。

用途： 在 Stable Diffusion 等“文生图”的应用中，Embedding 模型用于理解 Prompt 的语义，并将这些语义信息转化为能够指导图像生成的内部表示。

模型类别	介绍	作用	文件后缀	存放路径
Checkpoint 模型	出图的底模型 / 主模型	决定 AI 绘画的大方向（室内 / 建筑 / 景观……）	CKPT、safetensors	X:\Stable Diffusion\models\Stable-diffusion（主模型一般 2G ~7G 之间）
LoRA 模型	出图的细节风格模型 / 空间场景模型	刻画图片的细节与风格特征（新中式 / 法式 / 现代 / 古典 / 工装 / 家装……）	safetensors	X:\Stable Diffusion\models\LoRA（一般 200mb 以下大小，注意有些 LoRA 模型需要触发词才能起效果）
VAE 模型	相当于给画面增加效果滤镜，需要搭配其他模型使用，如果不使用则出图的效果会比较灰暗，有的大模型是自带 VAE	图像的滤镜，进行色彩美化	CKPT、pt	X:\Stable Diffusion\models\VAE（注意有些模型是自带 VAE，如果再增加 VAE 效果会适得其反）
Embedding 模型	需配合其他模型使用	可以指定角色的特征、风格、画风	pt	X:\Stable Diffusion\models\embedding（注意这些模型是很小的，一般就几 kb）

5 **模型之间的区别**

应用阶段不同： Checkpoint 模型关注的是模型训练的状态保存和恢复；而 LoRA 模型、VAE 模型、Embedding 模型则是在模型的结构和训练过程中发挥作用。

功能不同： Checkpoint 模型是训练过程中的一个工具，而 LoRA 模型、VAE 模型和 Embedding 模型则是构建生成模型架构的关键组成部分，它们各自承担不同的任务，如参数优化、数据生成和语义理解。

对模型性能的影响不同： Checkpoint 模型不直接影响模型的性能，只是作为训练过程中的一个安全网。相反，LoRA 模型、VAE 模型和 Embedding 模型直接决定了模型对特定任务的适应性和生成结果的质量。

3. 大模型下载

1 **访问模型下载网站：** 需要访问提供 Stable Diffusion 模型下载的官方网站或其他可信赖的大模型网站，可以在网络上各种 AI 研究资源网站里面搜索。

2 **选择大模型版本：** 根据需求选择合适的大模型版本。Stable Diffusion 可能有多个版本或不同的训练配置，每种配置可能针对不同的图像生成任务进行优化。

3 **下载大模型文件：** 遵循网站上的指示下载大模型文件。这些文件通常较大，下载过程可能需要一些时间。

4 **注意版权和使用许可：** 在下载和使用大模型之前，需要了解并遵守相关的版权和使用许可协议，某些大模型可能仅供非商业用途。

5 **下载存放路径：** 某盘 \Stable-diffusion\models\Stable-diffusion

4. LoRA 模型下载

1 **访问模型下载网站：** 访问提供 LoRA 模型下载的网站。首先，需要访问提供 Stable Diffusion 模型下载的官方网站或其他可信赖的模型网站，可以在网络上各种 AI 研究资源网站里面搜索。

2 **遵循下载指示：**遵循页面上的指示下载 LoRA 模型文件。

3 **注意许可协议：**在下载和使用 LoRA 模型前，确保已阅读并理解所有相关的许可协议，某些 LoRA 模型可能有特定的使用限制或要求。

4 **下载存放路径：**某盘 \Stable-diffusion\models\LoRA

如果效果图没有添加 LoRA 模型，会显得很苍白，没有细节，不真实。生成效果图时添加了 LoRA 模型，则真实细腻很多，就像照片加了滤镜一样。

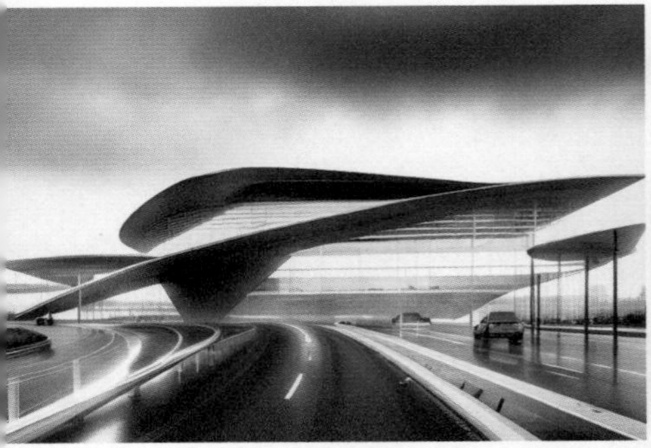
未加载 LoRA 模型的建筑效果 A

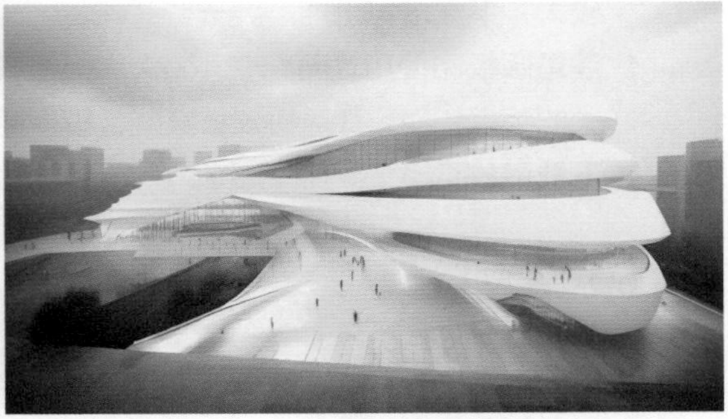
加载 LoRA 模型的建筑效果 A

未加载 LoRA 模型的室内效果 B

加载 LoRA 模型的室内效果 B

Example 1 建筑设计 Checkpoint 模型应用

Step 1 选择需要的大模型。

Model： 建筑通用大模型 \ 建筑大模型 . safetensors [fce1c62e19]

SD VAE： Automatic

Clip skip： 2

Step 2 输入 Prompt。

Prompt: building，Glass reflection，warm yellow，overcast sky，scenery，After rain，ultra realistic mall，commercial building，high-definition image，meticulous details，indoor lighting，(futuristic design：1.3)，(nighttime：1.2)，(warm and blue sky：1.2)，sense of technology，masterpiece，best quality

提示词: 建筑，玻璃反射，暖黄色，阴天，风景，雨后，超逼真的商场，商业建筑，高清图像，细致的细节，室内照明，(未来主义设计：1.3)，(夜间：1.2)，(温暖和蓝天：1.2)技术感，杰作，最佳质量

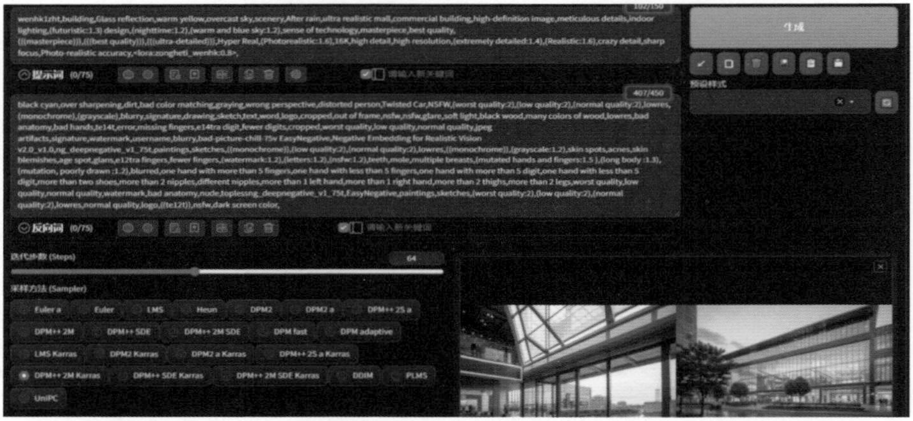

Step 3 设置对应模型的参数。

Steps: 64

Sampler: DPM++ 2M Karras

Size: 768×512

单批数量: 2

CFG Scale: 7

Seed: 2592684920

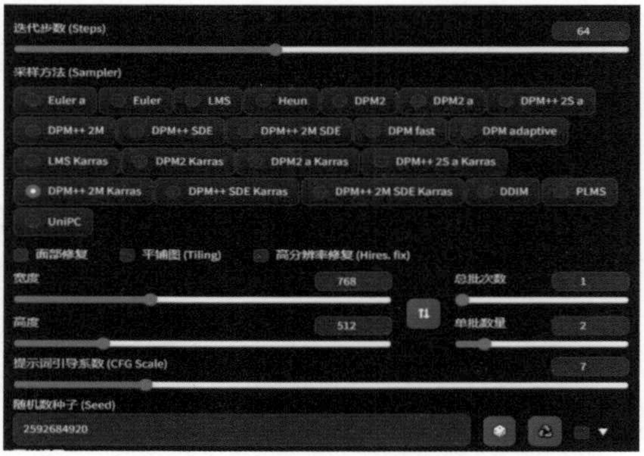

Step 4 点击“生成”，选择满意的图片保存。

Example 2 室内设计 LoRA 模型应用

Step 1 选择需要的大模型。

Model： 建筑通用大模型\建筑大模型. safetensors [fce1cb2e19]
SD VAE： Antomatic
Clip skip： 2

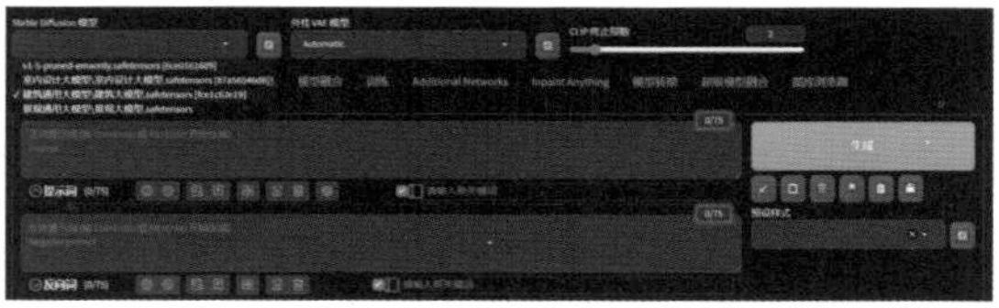

Step 2 输入 Prompt，选择对应 LoRA 模型。

Prompt： light strip，Glass，Minimalist interior，interior design，modern design，Bauhaus，straight lines，lines，design sense，white space，cleanliness，8K HD，details，high quality，masterpiece，master s work

提示词： 灯带，玻璃，极简主义室内，室内设计，现代设计，包豪斯，直线，线条，设计感，白色空间，清洁，8K 高清，细节，高品质，杰作，大师之作

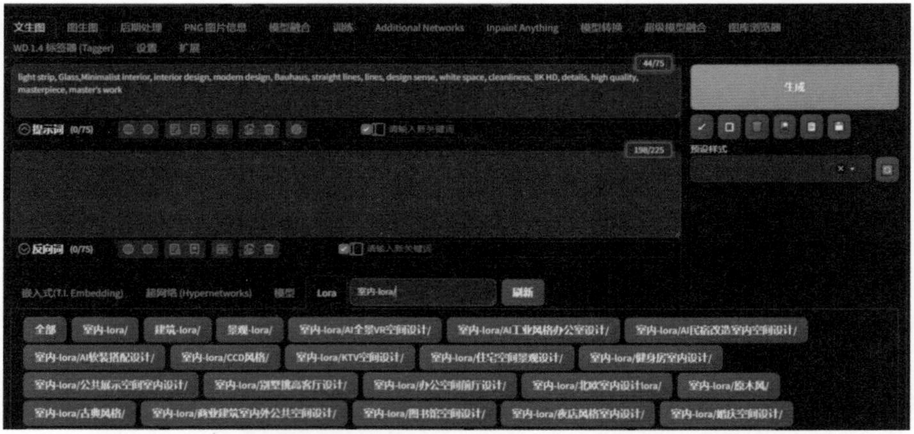

Step 3 设置对应模型的参数。

Steps： 40
Sampler： Euler a
Size： 768 × 512
单批数量： 2
CFG Scale： 7
Seed： 276014332

Step 4 点击“生成”，选择满意的图片保存。

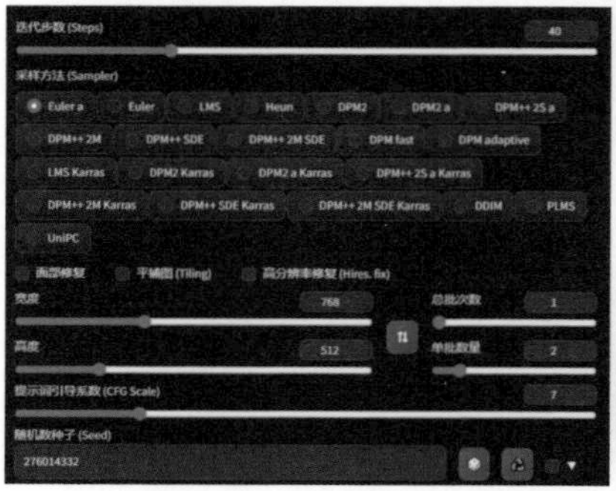

第2节
ControlNet 精准控制空间设计

这一节将深入探讨 Stable Diffusion 工具中的 ControlNet 插件的进阶技巧，特别是如何使用草图来控制设计的具体应用。ControlNet 提供了一个强大的界面，允许设计师通过简单的草图来精确控制生成的图像，这在建筑、室内和景观设计中尤为有用。ControlNet 是 Stable Diffusion 的一个插件，一方面它允许用户通过草图来直接生成的效果图。另一方面，它也允许用户通过使用遮罩（masks）和指定区域的 Prompt 来对图像的特定部分进行精确控制。这意味着可以对已存在的图像进行局部的修改或增强，而不影响图像的其他部分。ControlNet 技术在进行细节修正、风格转换或元素添加上具有极大的潜力。这种方法为设计师提供了更大的控制力，使他们能够更精确地实现他们的视觉概念。

1. ControlNet 插件介绍

1 ControlNet 与 LoRA

ControlNet 和 LoRA 是 AI 绘画的两大助手。我们常说 AI 绘画像“炼丹”，本质上是利用特定指令来控制画面的构图和风格。这些指令或“咒语”，虽然有效，但并非人性化。AI 的初衷是降低技术门槛，而非增加复杂性。随着 AI 技术的快速进步，这些复杂的咒语将逐渐被淘汰。

ControlNet 主要用于控制构图，而 LoRA 则控制风格。ControlNet 的框架非常强大，已经能够实现高效的风格迁移，这将在后文详细介绍。ControlNet 的工作原理是，基于一个已有的图像，创造出新的图像。这个原始图像可以是你亲手绘制的手稿，也可以是现成的图像作为参考。使用 ControlNet，你可以直接基于现有图像控制 AI 绘图，而不是依赖复杂的指令。对于那些关注细节的人来说，虽然学习 LoRA 控制风格是一个加分项，但目前的基础大模型已经足够应对大部分需求。即使没有 LoRA，使用 ControlNet 单独也能创造出优秀的作品。可以将 LoRA 视为对 ControlNet 能力的一种增强。

ControlNet 插件其本质就是文生图的工具，这一点对于刚开始使用的用户可能不太明显。初学者可能会误以为，既然是用图像控制生成图像，那应该属于图生图模式。然而，无论是文生图还是图生图模式，都会涉及 ControlNet 的使用，这可能会让初学者感到困惑，不确定如何正确使用。通过前沿的技术探索，ControlNet 实际上是一个文生图的工具，进一步观察许多前沿作者在 GitHub 上的说明和样例，也会发现其中大部分都是基于文生图模式，因此，使用 ControlNet 时，建议优先考虑使用文生图模式。

2 预处理器与模型

使用 ControlNet 时，重要的是理解预处理器（Preprocessor）与（ControlNet 的）模型（Model）的配合。在文生图模式下，面对多样的预处理器和模型选项，用户可能感到困惑。关键在于，预处理器和模型应该是匹配的。预处理器负责对参考图进行处理，将处理后的图像作为控制图传递给相应模型以生成最终图像。例如，如果使用 Scribble 类型的预处理器，相应的模型也应该选择 Scribble 模型。在实际应用中，只有预处理器和模型匹配时，才能得到理想的结果。不匹配的情况下，可能会产生意想不到的效果。

对于刚开始使用 ControlNet 的用户，建议先使用默认参数，观察生成的图像是否符合预期。这样做可以快速了解软件功能，而且在大多数情况下，默认参数已足够满足需求。一旦熟悉了默认效果，再根据需要细致调整参数。这样的步骤有助于避免一开始就深陷参数调整的困境，忘记了主要任务。通过理解这些关键点，使用 ControlNet 的过程应该会更加清晰。

3 应用方向

用户可以上传一个简单的草图或线稿，ControlNet 将根据这个草图来生成详细的图像。这种方法适用于需要精确控制设计元素和空间布局的项目。

①**建筑设计应用：**在建筑设计中，ControlNet 可以用来生成建筑的外观和结构布局。设计师可以通过草图展示建筑的基本形状和特征，ControlNet 将基于这些信息生成详细的建筑视图。

②**室内设计应用：**在室内设计中，ControlNet 可以帮助设计师详细规划空间布局和室内元素。通过上传房间布局的草图，ControlNet 可以生成具体的室内设计效果图。

③**景观设计应用：**ControlNet 也可以应用于景观设计，帮助设计师规划和可视化外部空间。设计师可以通过上传园林布局的草图，生成具体的景观设计效果。

4 实际应用

①**风格局部转换：**比如可以选择一张城市景观的照片，仅将天空部分通过遮罩指定，并应用描述“极光”的 Prompt 来仅改变天空区域，使其看起来充满极光，而不改变其他建筑物的部分。

②**细节增强：**在一张人物肖像中，使用遮罩仅选中眼睛，并应用“水晶般透亮的眼睛”提示，增强人物眼睛的细节和光泽，给画面增加吸引力。

③**元素添加：**在一片空旷的草原图像上，使用遮罩定义一个区域，并应用“一群奔跑的野马”作为 Prompt，AI 将在指定区域内添加奔跑的野马，而不影响草原的其他部分。

5 技巧要点

①**精确遮罩：**遮罩的精确度直接影响最终效果的自然度和融合性，因此在创建遮罩时需要精细操作。

② **Prompt 的精细化：**针对特定区域的 Prompt 需要更为精细和具体，以确保 AI 能够准确理解并实现期望的效果。

③**试验与调整：**利用 ControlNet 进行图像编辑是一个试错过程，可能需要多次试验和调整遮罩或 Prompt，以达到最佳效果。

2. ControlNet 参数设置说明

接下来学习 ControlNet 基本参数设置，虽然大部分情况下默认参数已经足够，但了解这些参数有助于在高级应用时进行更细致的调整。

1 **黄色框区域：** 这里的参数与选定的预处理器和模型相关，主要影响线条的粗细和细节丰富程度。通常，默认参数就足够了，但可以根据需求调整这些参数来获得不同的效果。

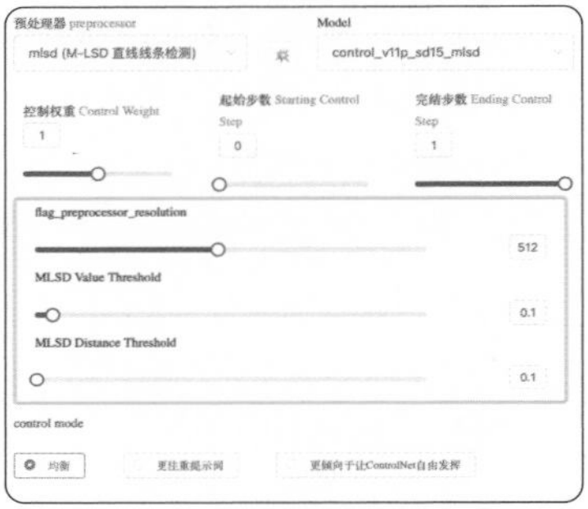

2 **enable（启用）：** 启用或禁用 ControlNet。

3 **low VRAM（低显存优化）：** 适用于显存较低的情况，会采用低消耗的处理算法。

4 **Pixel Perfect（最优分辨率）：** 这是为了解决预处理器分辨率问题而增加的功能。它自动计算最合适的分辨率，特别有用于非正方形的输出图像。

5 **allow preview（允许预览）：** 查看预处理器的效果。

6 **Control weight（控制权重）：** 这些参数控制 ControlNet 的介入时机和程度，可以使用默认设置。

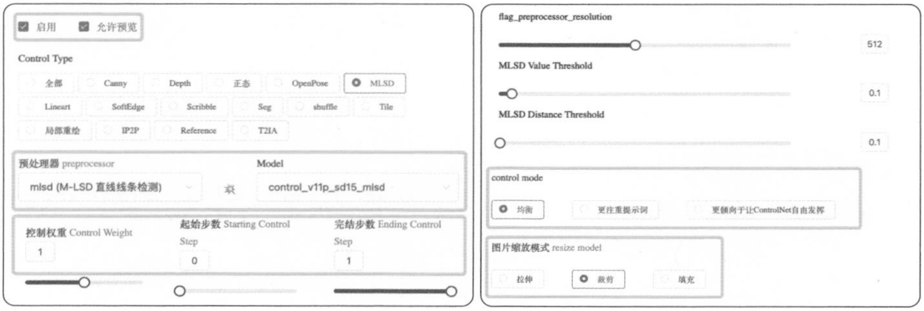

7 **Control mode（控制模式）：** 选择是重视 prompt 还是控制图的影响。默认的 balanced（均衡）模式适用于大多数情况。

8 **Resize mode（裁剪方式）：** 当控制图和目标图尺寸不一致时，需要配置。通常，避免使用下面第一个选项以防图像变形，选择第二或第三个选项取决于具体情况。

① **just resize（直接调整大小）：** 调整图片的比例以匹配目标图。

② **crop and resize（比例裁切后缩放）：** 裁剪图片以适应目标图的尺寸比例。

③ **resize and fill（缩放后填充空白）：** 缩放图片并填充多余部分。

通过这些参数的设置，可以更精细地控制 ControlNet 的输出，适应不同的使用场景和需求。

3. ControlNet 控制类型

ControlNet 引入了大量控制类型（Control Type），数量众多。为了方便理解，可以将这些类型分为 3 类。

1 线稿类，共有 6 种

① **Canny：** 被称为最重要且使用频率最高的模型。

② **MLSD：** 专门用于直线检测，适合建筑设计和室内设计。

③ **Lineart：** 线条提取模型，1.0 版本中可能称为“fake_scribble”。

④ **Lineart_anime**：官方建议与“anything_v3”或“anything_v5”大模型搭配使用，可能需要复杂的 Prompt。

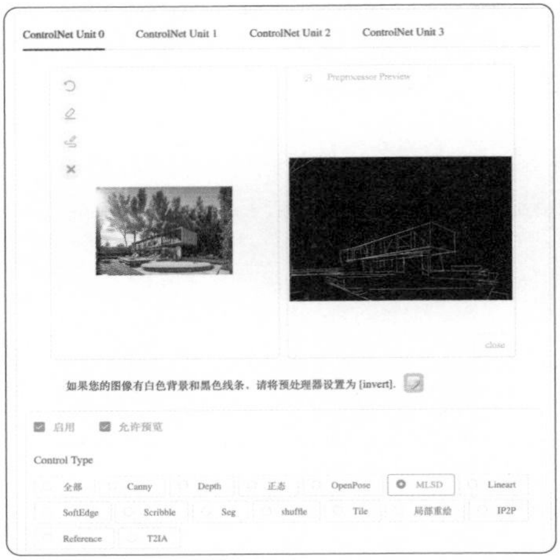

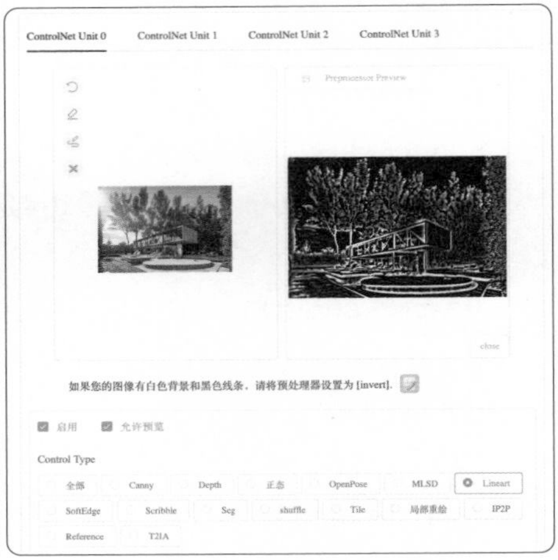

⑤ **SoftEdge**：包含多种预处理器，官方建议选择“SoftEdge_PIDI”以获得最佳效果。

⑥ **Scribble**：随意涂鸦后由 AI 完成美化，效果惊艳。

2 结构类，共有 3 种

① **Depth：**专注于景深图的生成，它根据深度和轮廓信息来指导模型生成图像。

② **Seg：**用于图像的语义分割，例如，不同颜色代表不同的物体类别，如建筑物、植物等，然后模型根据这些信息生成对应的图像。

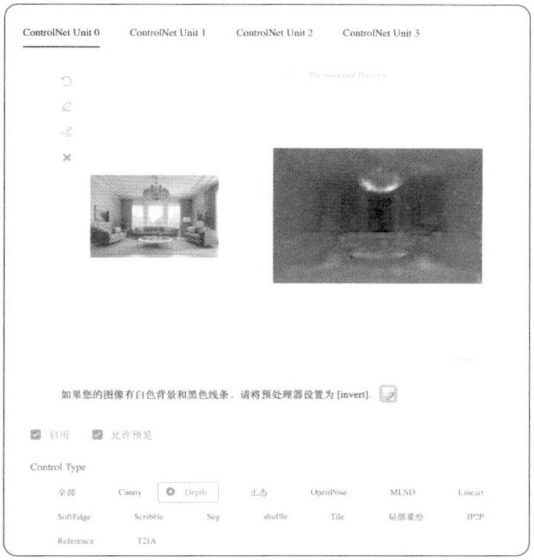

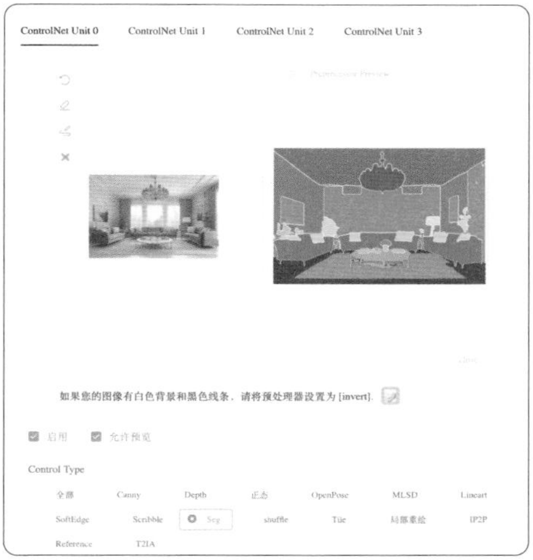

③ **Normal_bae：**称为“正态”，负责生成法线贴图，这种贴图通过颜色来表现物体表面的凹凸变化，帮助模型勾勒出画面的构成。

3 其他类，共有 5 种

ControlNet 的最后几个模型虽然被归类为“其他”，但每个都极具特色，足以各自成为一篇详细的讨论，下面是这些模型的简要介绍。

① **OpenPose：**这是一个广为人知的骨骼捕捉模型，因其在各种平台被广泛推荐而闻名。

② **inpaint：**专注于局部修图，初步实验显示其效果相当不错。

③ **shuffle：**一个用于风格迁移的模型，既实用又有趣。

④ **Tile：**这个模型难以用一个词来准确描述，它似乎是用于超清修复，不仅仅是提高分辨率，还能增添原图中没有的细节。

⑤ **IP2P：**允许用户通过简单指令来修改图片，尽管目前指令识别还存在一些限制。

对于初学者来说，预处理器的选择可能显得有些专业和复杂。实际上，选择一个基本可用的预处理器就足够了。在实际应用中，不同预处理器的差异可能并不显著，除非在工业级应用中，可能需要考虑预处理器的性能和效果，选择最适合的预处理器。

make it snow（把原建筑变为下雪天时的样子）

make it on fire（让原建筑模拟火灾发生）

Example 3 建筑设计 Sketch Up 模型截图生成效果图

Step 1 选择需要的大模型。

Step 2 打开 ControlNet 将建筑设计 Sketch Up 模型截图植入其中，调试 ControlNet 相关参数。

Step 3 输入 Prompt。

Prompt： modern villa, sunny during the day, modernist, poetry and photography, super details, masterpiece, best quality

提示词： 现代别墅，白天，阳光明媚，现代主义，写诗照片，超级细节，杰作，最佳质量

Step 4 设置对应模型的参数。

Steps： 20

Sampler： Euler a

Size： 1024 × 680

单批数量： 4

CFG Scale： 7

Step 5 点击“生成”，选择满意的图片进行保存或者高清修复，也可以进行二次局部修改。

Example 4　建筑设计 Sketch Up 模型截图生成效果图

Step 1 选择需要的大模型。

Step 2 打开 ControlNet 将建筑设计 Sketch Up 模型截图植入其中，调试 ControlNet 相关参数。

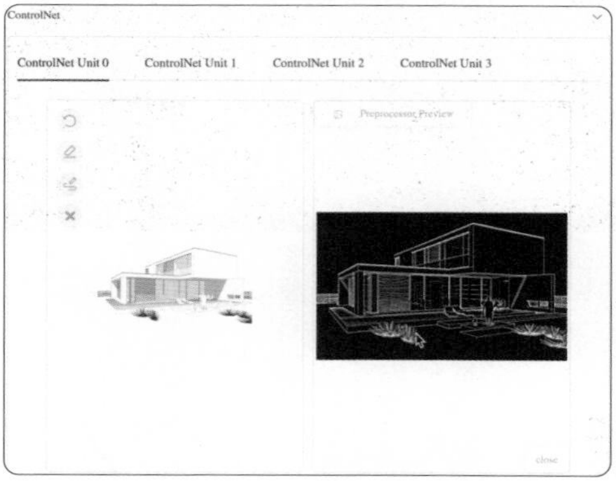

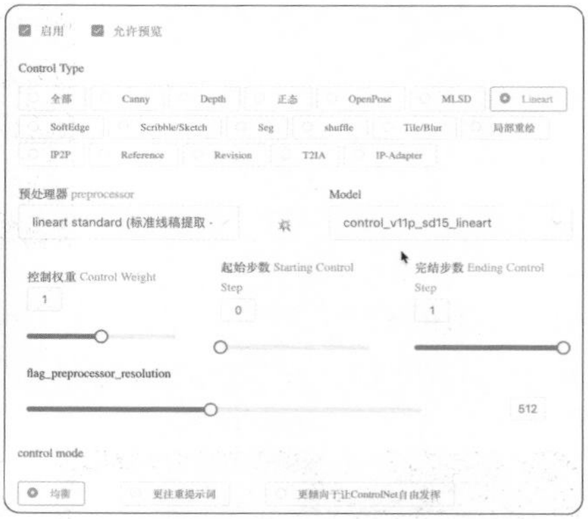

Step 3 输入 Prompt。

Prompt: snow scenery, modern architecture, glass, aluminium plate, snowing, warm light, in winter, best quality, masterpiece, high quality, real, realistic, super detailed, full detail, 8K, falling snow, city, there are no people or vehicles, snow landscape architecture, lake water

Negative Prompt: low resolution, poor structure, people, text, errors, numbers, jpeg artifacts, signatures, watermarks, username, blurring, normal quality, low quality, worst quality, painting, sketches

提示词：雪景，现代建筑，玻璃，铝板，雪，暖光，冬季，最佳品质，杰作，高品质，真实，逼真，超细节，全细节，8K，下雪，城市，无人或车，雪景建筑，湖水

反向提示词：低分辨率，结构差，人物，文本，错误，数字，jpeg 伪影，签名，水印，用户名，模糊，质量不正常，质量低，质量差，绘画，草图

Step 4 设置对应模型的参数。

Steps： 20

Sampler： Euler a

Size： 1024 × 680

单批数量： 4

CFG Scale： 7

Step 5 点击“生成”，选择满意的图片进行保存或者高清修复，也可以进行二次局部修改。

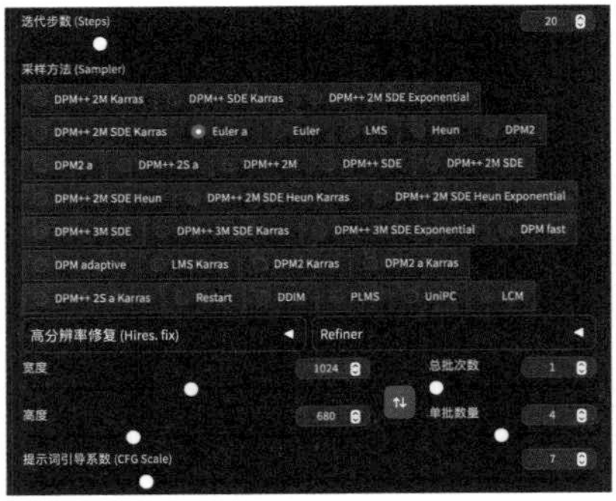

Example 5　建筑毛坯照片生成效果图

Step 1 选择需要的大模型。

Step 2 打开 ControlNet 将建筑毛坯照片植入其中，下拉箭头调试 ControlNet 相关参数。

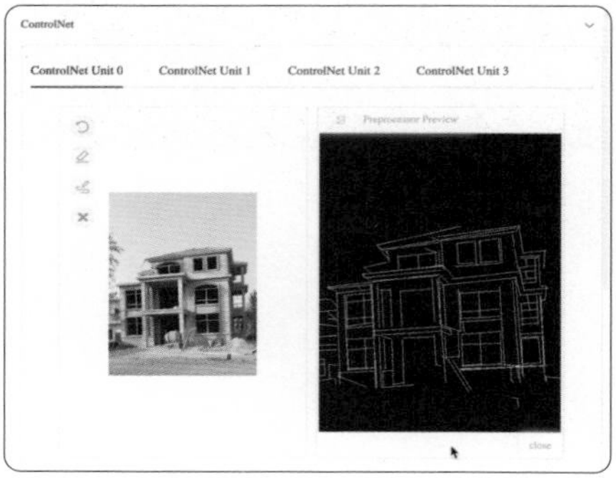

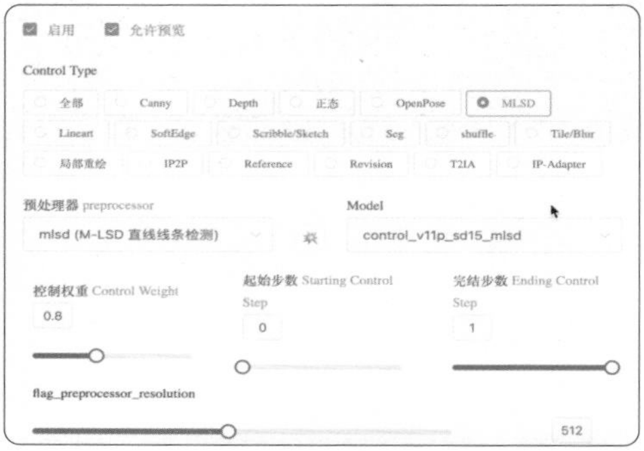

Step 3 输入 Prompt。

Prompt： villa, the floor and withered leaves, grey and white walls, 1 luxury hotel in the forest, Southeast Asian architecture, potted plant, (carving flowers:1.1), architecture, bamboo weaving

Negative Prompt： over sharpening, dirt, bad color matching, graying, wrong perspective, distorted person, twisted car, (worst quality:2), (lowquality:2), (monochrome), (grayscale), blurry, signature, drawing, sketch, text, word, logo

提示词： 别墅，地板和枯叶，灰白色的墙壁，森林中的一家豪华酒店，东南亚建筑，盆栽，(雕刻花：1.1)，建筑，竹编

反向提示词： 过度锐化，污垢，颜色匹配不良，灰色，视角错误，扭曲的人，扭曲的汽车，(质量最差：2)，(质量低：2)，低分辨率，(单色)，(灰度)，模糊，签名，绘画，素描，文本，单词，徽标

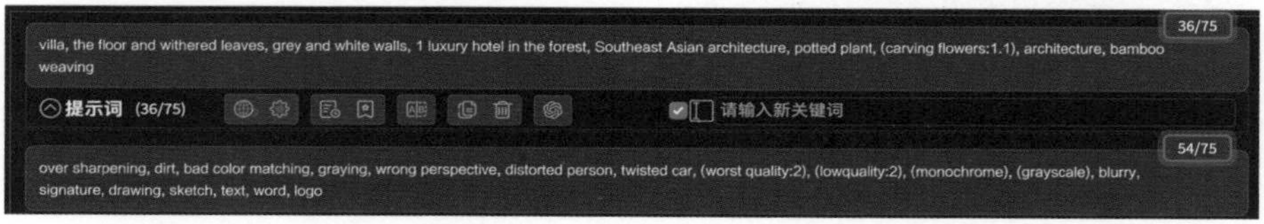

Step 4 设置对应模型的参数。

Steps： 20

Sampler： Euler a

Size： 1024 × 680

单批数量： 4

CFG Scale： 7

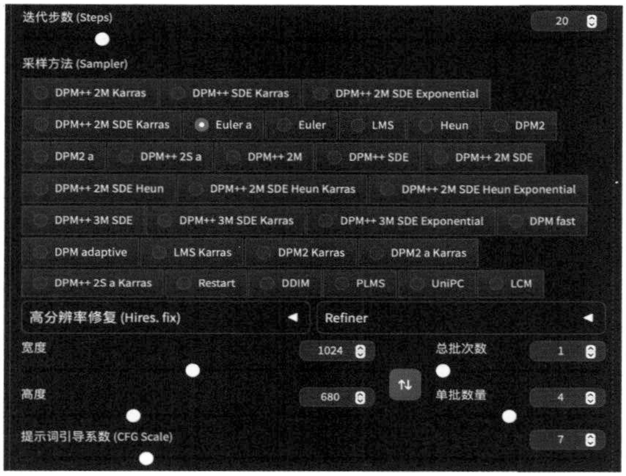

Step 5 点击“生成”，选择满意的图片进行保存或者高清修复，也可以进行二次局部修改。

毛坯房装修前

毛坯房装修后

Example 6 室内设计模型截图生成效果图

Step 1 选择需要的大模型。

Model： XsarchitecturalV11InteriorDesign
SD VAE： Automatic
Clip skip： 2

Step 2 打开 ControlNet 将建筑 Sketch Up 模型截图植入其中，下拉箭头调试 ControlNet 相关参数。

Step 3 输入 Prompt。

Prompt：（masterpiece），（high quality），best quality，real，（realistic），super detailed，（full detail），（4K），8K，interior，interior design，living room，white，red and green
Negative Prompt：（normal quality），（low quality），（worst quality），paintings，sketches
提示词：（杰作），（高品质），最佳质量，真实，（逼真），超详细，（全细节），（4K），8K，室内，室内设计，客厅，白色，红色和绿色
反向提示词：（一般质量），（低质量），（最差质量），绘画，素描

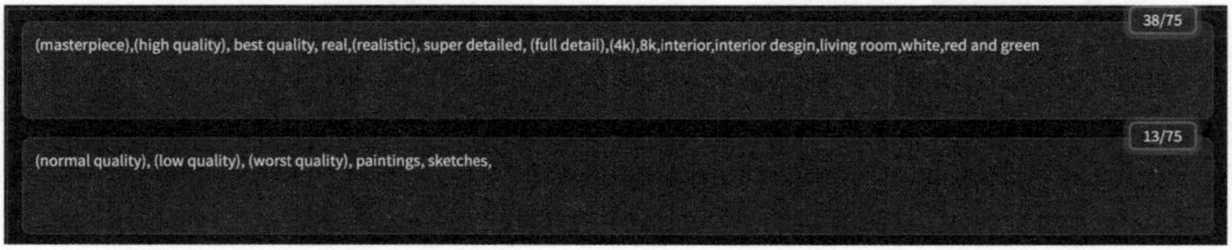

Step 4 设置对应模型的参数。

Steps： 20

Sampler： Euler a

Size： 1024 × 680

单批数量： 4

CFG Scale： 7

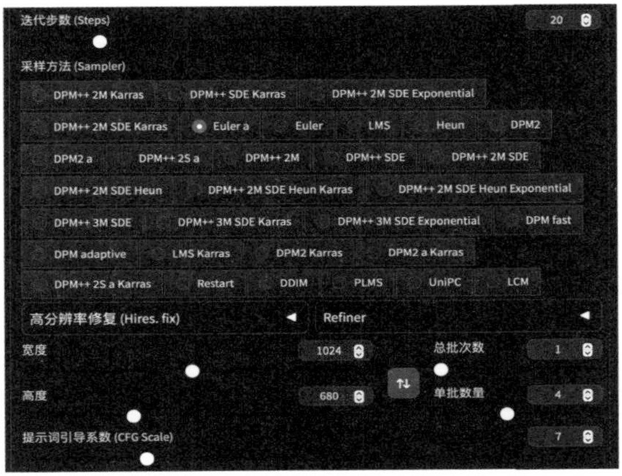

Step 5 点击“生成”，选择满意的图片进行保存或者高清修复，也可以进行二次局部修改。

Example 7　室内设计 Sketch Up 模型线稿图生成效果图

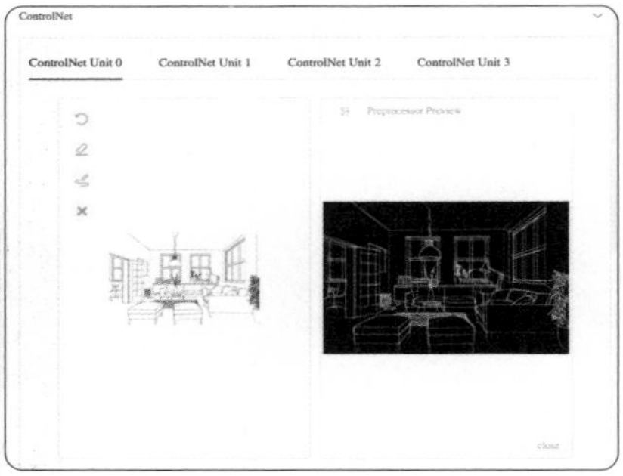

Step 1 选择需要的大模型。

Step 2 打开 ControlNet 将上面建筑手绘草图植入其中，下拉箭头调试相关参数。

Step 3 输入相应 Prompt。

Prompt： living room, dark color, sofa, carpet, chair, window, ceiling, curtain, best quality, masterpiece, high quality, real realistic, super detailed, full detail, 8K

Negative Prompt： low resolution, poor structure, people, text, error, digital, jpeg artifact, signature, watermark, username, blur, normal quality, low quality worst quality, painting, sketch

提示词： 客厅，深色，沙发，地毯，椅子，窗户，天花板，窗帘，最好的质量，杰作，高品质，真实逼真，超精细，细节齐全，8K

反向提示词： 低分辨率，结构差，人物，文本，错误，数字，jpeg 伪影，签名，水印，用户名，模糊，正常质量，低质量最差质量，绘画，素描

Step 4 设置对应模型的参数。

Steps： 20

Sampler： Euler a

Size： 1024×680

单批数量： 4

CFG Scale： 7

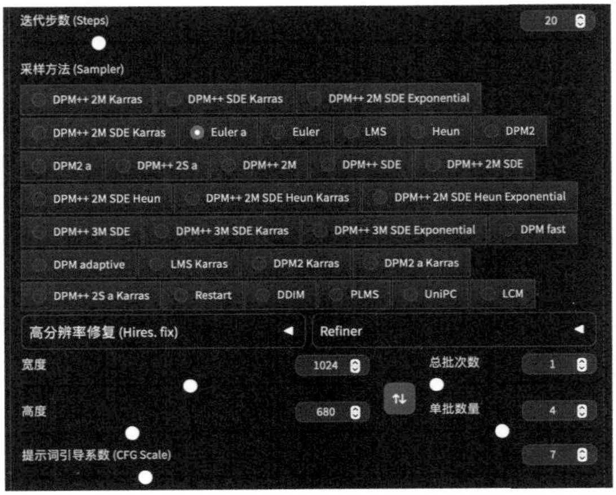

Step 5 点击“生成”，选择满意的图片进行保存或者高清修复，也可以进行二次局部修改。

Step 6 在提示词里面增加“白色风格主题，白色”提示词。

或在提示词里面增加“红色风格主题，红色”提示词。

或在提示词里面增加“黄色风格主题，黄色”提示词。

Example 8 景观设计手绘草图线稿生成效果图

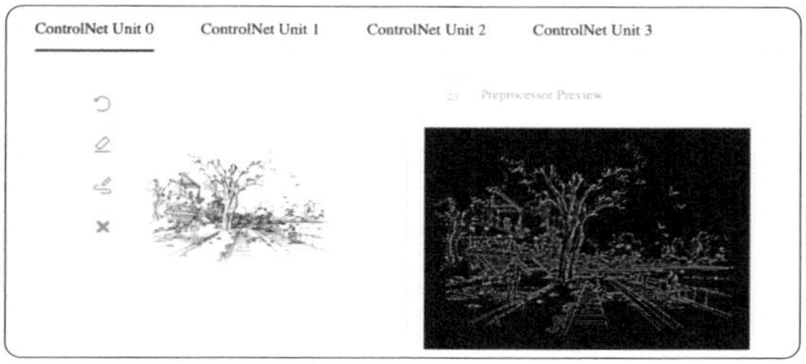

Step 1 选择需要的大模型。

Step 2 打开 ControlNet 将建筑手绘草图植入其中，下拉箭头调试 ControlNet 相关参数。

Step 3 输入 Prompt。

Prompt： outdoor landscape, flower border, viewing pavilion, sky, daytime masterpiece, best quality

Negative Prompt： low resolution, bad anatomy, bad hands, text, error, missing fingers, extra digit, fewer digits, cropped, worst quality, low quality, jpeg artifacts, signature, watermark, username, blurry

提示词： 户外景观，花境，观景亭，天空，白天氛围，最佳品质

反向提示词： 分辨率低，解剖结构差，手部不好，文本，错误，手指缺失，多余数字，数字少，裁剪，质量差，质量低，jpeg 伪影，签名，水印，用户名，模糊

Step 4 设置对应模型的参数。

Steps： 20
Sampler： Euler a
Size： 1024 × 680
单批数量： 4
CFG Scale： 7

Step 5 点击“生成”，选择满意的图片进行保存或者高清修复，也可以进行二次局部修改。

第 3 节
Semantic Segmentation 精准控制设计元素

在空间设计中，Stable Diffusion 的“语义分割”（Semantic Segmentation，Seg）功能具有强大的自定义设计布局能力。这一功能允许设计师精确控制设计元素的布局和结构，从而创造出更为精细和个性化的设计方案。

1. 语义分割介绍

Seg 是一种将图像分割为多个区域的技术，每个区域代表一个特定的类别或概念。在空间设计中，这意味着可以将不同的空间元素（如墙壁、家具、窗户）精确地分隔开，并独立地进行设计和修改。简单来说就是当你需要在一张图片中局部精确地修改物品时，没办法准确地告诉 Stable Diffusion 如何生成，这时需要 ControlNet 的功能之一 Seg，就是对图画中的物品进行区分，以实现精准控制。

设计师可以使用 Seg 功能来创建具体的室内设计布局，例如，定义不同功能区域的边界、安排家具的位置等。在建筑设计中，Seg 可以用于规划建筑物的外部形态，包括窗户、门和其他结构元素的布局。

2. 功能介绍和操作技巧

使用 Stable Diffusion 的 Seg 功能来精准控制设计效果图，其功能是需要学习的重要技巧，要实现自定义布局以及精准修改主要有 Sketch Up 模型体块色块填充和 Seg 色彩填充两种技术。

1 Sketch Up 模型体块色块填充

Sketch Up 模型体块色块填充是一种在设计效果图中精确控制颜色和纹理的方法。通过将不同的颜色或纹理分配给建筑模型的不同部分，设计师可以有效地模拟材料的外观和质感。

如何使用：利用 Stable Diffusion 的界面，选择 Sketch Up 模型体块色块填充功能。使用者可以上传包含特定颜色区块的草图，系统会根据这些颜色区块在生成的效果图中应用相应的纹理和材料。

2 Seg 色彩填充

Seg 色彩填充允许设计师通过颜色代码来指定生成图像中的特定元素的颜色。这种方法在空间设计中尤为有效，可以帮助设计师在效果图中精确控制颜色配比和色彩调和。

如何使用：选择 Seg 色彩填充功能，并输入相应的颜色代码。Stable Diffusion 将根据输入的颜色代码在生成图像时应用指定的颜色，从而实现更加个性化和精确的设计表现。

Example 9　室内设计色彩搭配布局

Step 1 将目标室内设计效果图进行语义分割（Seg）。

Step 2 输入 Prompt，将目标室内设计效果图整体换为黄颜色主题色彩搭配。

Prompt:（masterpiece），（high quality），best quality，real，（realistic），living room，（yellow），super detailed，（full detail），（4K），8K，indoors，table，couch，potted plant，chair，solo，wide shot，window，sitting，carpet

Negative Prompt:（normal quality），（low quality），（worst quality），paintings，sketches

正向提示词:（杰作），（高品质），最佳质量，真实，（逼真），客厅，（黄色），超详细，（全细节），（4K），8K，室内，桌子，沙发，盆栽，椅子，单人，广角，窗户，坐着，地毯

反向提示词:（质量正常），（质量低），（最差），绘画，素描

Step 3 将目标室内设计效果图整体换成白色主题色彩搭配，将 Prompt 中“yellow”替换成“white”。

Example 10 住宅建筑外观改造设计

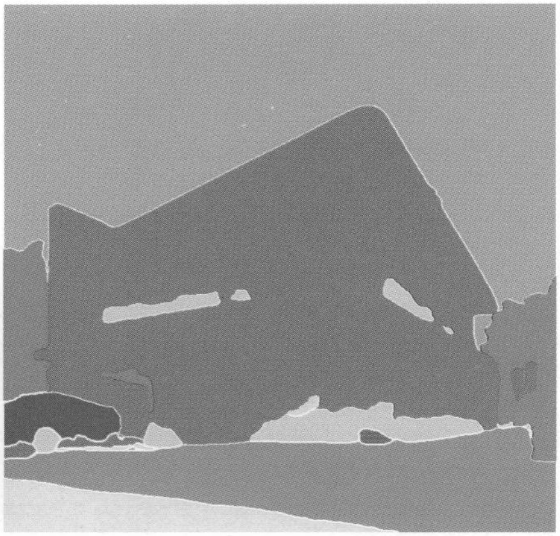

Step 1 将目标住宅建筑设计效果图进行语义分割（Seg）。

Step 2 输入 Prompt，将目标建筑设计效果图外观改为现代玻璃幕墙外观。

Prompt： dvArchModern，85mm，f1.8，portrait，photo realistic，hyperrealistic，orante，super detailed，intricate，dramatic，sunlight lighting，shadows，high dynamic range，Glass curtain wall，（Villa in the forest），luxury，contemporary，spacious，open layout，large windows，innovative materials，modern decorative elements，beautiful courtyard，terrace，masterpiece，best quality，（8K，RAW photo：1.2），（（ultra realistic））

Negative Prompt： signature，soft，blurry，drawing，sketch，poor quality，ugly，text，type，word，logo，pixelated，low resolution，saturated，high contrast，oversharpened

提示词： dvArchModern，85mm，f1.8，肖像，写实主义，超现实主义，orante，超细节，复杂，戏剧性，阳光照明，阴影，高动态范围，玻璃幕墙，（森林中的别墅），豪华，现代，宽敞，开放式布局，大窗户，创新材料，现代装饰元素，美丽的庭院，露台，杰作，最佳质量，（8K，RAW 照片：1.2），（（超现实主义））

反向提示词： 签名，柔软，模糊，绘图，草图，质量差，丑陋，文本，类型，单词，徽标，像素化，低分辨率，饱和，高对比度，过度渲染

Step 3 替换以下 Prompt 指令，将目标建筑设计效果图外观改成新中式建筑外观。

Prompt： realism，new chinese architecture，new chinese style，superdetail，complex，dramatic，sunlight illumination，shadow，high dynamic range，glass curtain wall，luxury，modern，spacious，open layout，large windows，innovative materials，modern decorative elements，beautiful courtyard，terrace，masterpiece，best quality，（8K，RAW Photo：1.2），（（Surrealism））

提示词： 写实主义，新中式建筑，新中式风格，超细节，复杂，戏剧性，阳光照明，阴影，高动态范围，玻璃幕墙，豪华，现代，宽敞，开放式布局，大窗户，创新材料，现代装饰元素，美丽的庭院，露台，杰作，最佳质量，（8K，RAW 照片：1.2），（（超现实主义））

Example 11 效果图局部修改精准控制

Step 1 明确精准修改目标。需要对现代住宅建筑的外观造型进行修改，周围景观环境保持不变。

Step 2 对需要修改的图像进行语义分割（Seg）处理。处理后，图像中的每个色块代表不同的物品类别，如果需要修改图中的某个特定物品，可以选择相应的区域或填充对应的色块。

Step 3 对目标修改区域的色值提取与填充。在图像编辑软件（如Photoshop）中使用吸管工具提取想要的颜色，并使用笔刷工

具在需要的区域进行颜色填充。或者找到相关自动生成 Seg 模式图像的编辑软件一键自动生成对应色值图像。

Step 4 精准控制目标修改区域。使用 Stable Diffusion 的 ControlNet 控制插件，将原图替换为已经修改过的图像。由于图像已经预处理，预处理器选项可以设置为“none”。然后选择 Control Type 中的 Seg，并输入建筑造型修改的 Prompt。

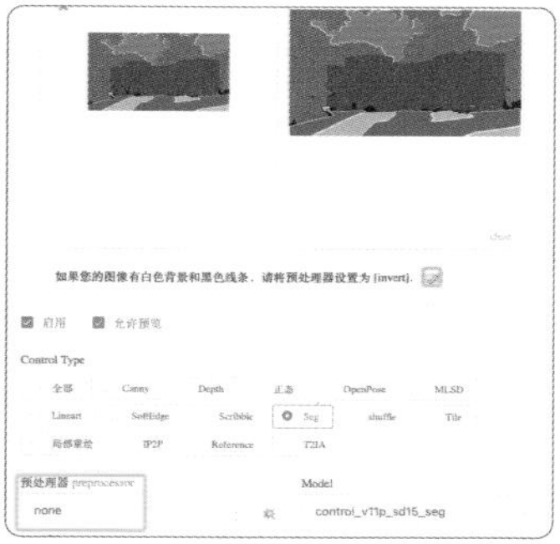

Step 5 点击“生成”按钮，Stable Diffusion 将根据修改生成新图像。如图，建筑外观造型发生修改，而周边的环境景观没有改变。

第 4 节

Inpaint Anything 精准修改局部效果

Inpaint Anything 是一个在 Stable Diffusion 软件中可用的插件，它允许用户在生成的图像中指定区域进行详细的编辑或修复。插件利用了 Stable Diffusion 的能力，通过理解和填充指定区域的内容，使之与周围环境自然融合。

1. 使用步骤

对于初学者来说，理解和使用 Inpaint Anything 插件可能初看起来有点复杂，但通过分步骤的解释，可以更容易地掌握其使用方法。以下是详细的步骤和指南，帮助初学者了解如何使用 Inpaint Anything 插件。

Step 1 **准备图像：**首先，选择一张想要编辑的图像。这可以是一个已有的设计图像，或者是使用 Stable Diffusion 生成的图像。

Step 2 **标记待编辑区域：**打开选择的图像编辑软件，如 Photoshop、GIMP 或任何可以编辑图像的软件。选择一种与图像中其他颜色对比明显的颜色，通常推荐使用纯绿色或纯红色。使用画笔工具在想要 Inpaint Anything 插件处理的区域涂上选定的颜色，并确保完全覆盖所有希望修改或移除的部分。

Step 3 **导入并使用 Inpaint Anything：**启动 Stable Diffusion 软件并导入刚才编辑好的图像。在软件界面中找到 Inpaint Anything 插件的

选项并选择它。这通常在插件或工具的列表中。将图像加载到插件中，可能需要指定标记颜色作为插件识别待编辑区域的依据。

Step 4 **输入 Prompt 并生成：** 在插件提供的文本框中输入 Prompt，准确说明希望在标记的区域内生成什么内容。点击“生成”按钮，插件会开始工作，根据 Prompt 在指定区域内生成内容，同时尽量与周围的环境保持一致。

Step 5 **评估和调整：** 生成完成后，查看结果。如果与预期相差较大，考虑调整描述或重新标记图像，然后重复生成过程。在输入描述时，包括尽可能多的细节，如“用现代感强的金属桌子替换木桌”。多尝试几次，可以更好地理解如何制定有效的描述和如何最好地标记图像。

2. 在空间设计领域的优势

1 **快速迭代设计：** 在空间设计项目中，设计师经常需要探索不同的设计选项和修改现有设计。Inpaint Anything 插件允许快速修改图像中的特定区域，无须重新进行复杂的设计过程。

2 **细节定制：** 通过精确控制要修改的区域和描述期望的结果，设计师可以在设计方案中轻松添加或修改细节，如更换家具、调整室内布局或改变材料质感。

3 **提高呈现质量：** 使用 Inpaint Anything 插件，设计师可以在视觉呈现中添加或改进细节，提高设计方案的整体质量和吸引力。

4 **节省时间和成本：** 与传统的手动编辑方法相比，这种插件提供了一种更快、成本更低的方式来调整和完善设计方案的视觉呈现。

5 **增强创意表达：** 插件提供了一种探索创意解决方案的手段，设计师可以实验不同的设计理念，以发现新的创意可能性。

Inpaint Anything 插件通过结合 AI 生成技术和设计师的专业知识，为空间设计领域带来了新的工作方式，使设计流程更加灵活和高效。

Example 12 卧室室内设计草图生成效果图

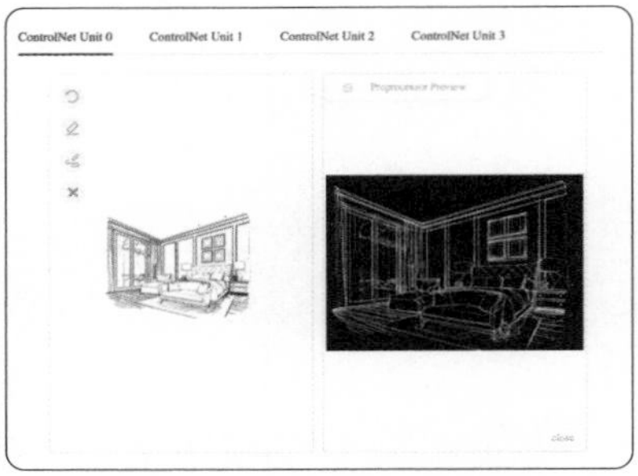

Step 1 选择需要的大模型，打开 ControlNet 将草图植入其中，下拉箭头调试 ControlNet 相关参数。

Step 2 输入 Prompt。

Prompt： platinum style, luxury

Negative Prompt： (worst quality:2), (low quality:2), (normal quality:2), low resolution, (monochrome), (grayscale), blurry, signature, drawing, sketch, text, word, logo, cropped

提示词： 白金风格，奢华

反向提示词：（质量最差：2），（质量低：2）（质量正常：2），低分辨率，（单色），（灰度），模糊，签名，绘图，草图，文本，单词，徽标，裁剪

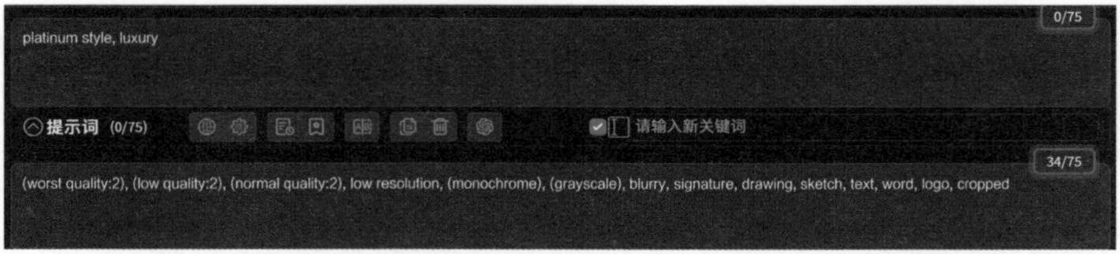

Step 3 设置对应模型的参数。

Steps: 20

Sampler: Euler a

Size: 768 × 512

单批数量: 4

CFG Scale: 7

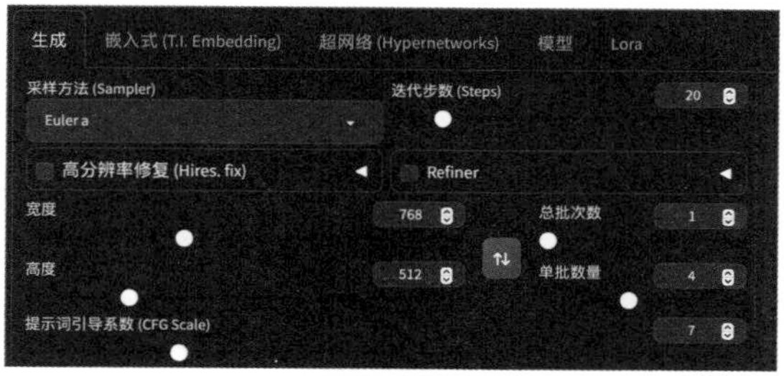

Step 4 点击“生成”，选择满意的图片进行高清修复，也可以进行二次局部修改。

Step 5 点击“Inpaint Anything”，导入相应效果图，点击“运行 Segment Anything”。

Step 6 选择画笔涂抹或点击相应色块选中所要修改的局部床头背景中的四幅画区域，点击“Creat Mask”，生成精准局部区域白色通道图。

Step 7 点击“仅蒙版”，再点击“获取遮罩”，最后点击“发送到图生图重绘”进入 Prompt 输入界面。

Step 8 输入局部修改的精准 Prompt 后，点击“生成”。

Prompt： modified to a white ceiling with concave and convex shapes and light grooves

Negative Prompt： (worst quality:2), (low quality:2), (normal quality:2), low resolution, (monochrome), signature, sketch, text, word, logo, cropped

提示词： 改为带有凹凸形状和光槽的白色天花板

反向提示词：（最差质量：2），（低质量：2），（正常质量：2），低分辨率，（单色），签名，草图，文本，单词，徽标，裁剪

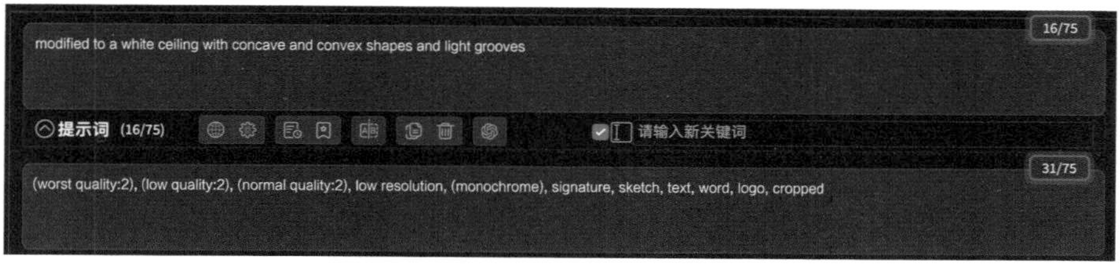

Step 9 选择是否有满意的效果图，如果没有，继续点击“生成”直至满意的图片出现并保存。

图书在版编目（CIP）数据

AI赋能空间设计／刘程伟，孙锐主编．--北京：
中国建筑工业出版社，2024.2
（从AIGC到未来建筑）
ISBN 978-7-112-29503-6

Ⅰ.①A… Ⅱ.①刘… ②孙… Ⅲ.①人工智能—应用
—空间—建筑设计 Ⅳ.①TU204

中国国家版本馆CIP数据核字（2023）第252535号

责任编辑：费海玲　张幼平
文字编辑：田　郁　张文超
书籍设计：锋尚设计
责任校对：王　烨

从AIGC到未来建筑
AI赋能空间设计
刘程伟　孙　锐　主编
*
中国建筑工业出版社出版、发行（北京海淀三里河路9号）
各地新华书店、建筑书店经销
北京锋尚制版有限公司制版
建工社（河北）印刷有限公司印刷
*
开本：787毫米×1092毫米　1/24　印张：7⅓　字数：176千字
2024年10月第一版　　2024年10月第一次印刷
定价：**79.00**元
ISBN 978-7-112-29503-6
（42237）

如有内容及印装质量问题，请与本社读者服务中心联系
电话：（010）58337283　QQ：2885381756
（地址：北京海淀三里河路9号中国建筑工业出版社604室　邮政编码：100037）